2021 版
全国二级造价工程师职业资格考试辅导教材

建设工程计量与计价实务 （安装工程）复习题集

江苏省工程造价管理协会
捷宏润安工程顾问有限公司 编写

中国建筑工业出版社

图书在版编目（CIP）数据

建设工程计量与计价实务（安装工程）复习题集 /
江苏省工程造价管理协会，捷宏润安工程顾问有限公司编
写. — 北京：中国建筑工业出版社，2021.7
全国二级造价工程师职业资格考试辅导教材
ISBN 978-7-112-26264-9

Ⅰ. ①建… Ⅱ. ①江… ②捷… Ⅲ. ①建筑安装－建
筑造价管理－资格考试－习题集 Ⅳ. ①TU723.3-44

中国版本图书馆 CIP 数据核字（2021）第 122127 号

本书为二级造价工程师职业资格考试辅导用书。书中以表格的形式对重点内容进行梳理，配合大量模拟题及真题帮助考生理解并掌握知识点。书中还提供了两套模拟试卷供读者模拟考场环境，提前熟悉试卷形式，以合理安排答题策略。本书主要内容包括第 1 章安装工程专业基础知识；第 2 章安装工程计量；第 3 章安装工程计价；模拟试卷（一）；模拟试卷（二）。

本书可供参与二级造价工程师职业资格考试的考生参考使用。

责任编辑：李慧
文字编辑：杜川
责任校对：张惠雯

全国二级造价工程师职业资格考试辅导教材
建设工程计量与计价实务（安装工程）复习题集
江苏省工程造价管理协会
捷宏润安工程顾问有限公司　编写

*

中国建筑工业出版社出版、发行（北京海淀三里河路 9 号）
各地新华书店、建筑书店经销
北京红光制版公司制版
北京市密东印刷有限公司印刷

*

开本：787 毫米×1092 毫米　1/16　印张：11½　字数：290 千字
2021 年 8 月第一版　　2021 年 8 月第一次印刷
定价：**45.00** 元
ISBN 978-7-112-26264-9
　　　（37805）

全国二级造价工程师职业资格考试辅导教材编审委员会

主编单位：江苏省工程造价管理协会

捷宏润安工程顾问有限公司

主　　编：金常忠

副 主 编：孙　璐　沈春霞

主　　审：王如三

参编人员：沈春霞　杨　柳　封　帅　孙　娟　虞志霞

王　舜　余　静　代欢欢　吴丽丽

前言 PREFACE

　　为了满足广大考生的应试复习需要，便于考生正确理解考试大纲的要求，尽快掌握复习要点，更好地适应考试，本书编委会根据人力资源社会保障部《关于公布国家职业资格目录的通知》（人社部发〔2017〕68号），住房和城乡建设部、交通运输部、水利部、人力资源和社会保障部联合印发的《造价工程师职业资格制度规定》和《造价工程师职业资格考试实施办法》（建人〔2018〕67号）编写了本书。本书主要特点如下：

　　1）全面覆盖所有知识点要求，力求突出重点。

　　2）在内容编排上，力求练习题的难易、长短适中。

　　3）短时间内切实帮助考生理解知识点，掌握难点和重点，提高应试水平及解决实际工作问题的能力。

　　4）书中提供千余道练习题及真题，帮助考生在实战中提升考试通过率。

　　本书在编写过程中难免存在缺点和错误，恳请广大读者提出批评和建议！

本书编委会

答疑备考QQ群
（安装工程）

扫码查看
习题答案

目 录 CONTENTS

第1章 安装工程专业基础知识

第1节 安装工程的分类、特点及基本内容

复习要点

1. 安装工程分类概述

类别	范 围
通用设备工程	机械设备工程、热力设备工程、静置设备与工艺金属结构工程、消防工程、电气照明及动力设备工程
管道和设备工程	给水排水、供暖、燃气工程，工业管道工程
电气和自动化控制工程	电气工程，自动控制系统、通信设备及线路工程，建筑智能化工程

2. 常用安装工程的特点及基本内容

（1）电气照明及动力设备工程

1）常见电气照明设备工程

① 常用电光源分类

热致发光电光源	白炽灯、卤钨灯
气体放电发光电光源	荧光灯、汞灯、钠灯、金属卤化物灯、氙灯
固体发光电光源	LED 和场致发光器件

② 常用电光源及特性

白炽灯	① 优点：结构简单，使用方便，显色性好，平均寿命1000h～2000h，环境温度变化对光通输出的影响小。 ② 缺点：发光效率低，振动容易损坏，电压变化对光通量影响大
卤钨灯	卤钨灯工作温度和光效高，寿命1500h～2000h。发光效率较低，其他特性同白炽灯
荧光灯	① 常见形式：直管型、紧凑型节能荧光灯。 ② 优点：光效较高，寿命长，环境温度变化对光通输出的影响大，耐震性能较好。 ③ 缺点：电压变化对光通量影响较大
高压汞灯	在高强气体放电灯中属于结构简单、寿命较长、光效低的一种灯。环境温度变化对光通输出的影响较小，耐震性能较好，电压变化对光通量影响较大
高压钠灯	发光效率高、耗电少、寿命长。耐震性能较好，受环境温度变化影响较小，显色性差，电压变化对光通量影响大
金属卤化物灯	发光效率高、寿命长，显色性好。耐震性能好，受环境温度变化影响较小。电压变化对光通量影响较大

2）常用电动机设备工程

按工作电源分类	直流电动机
	交流电动机（单相电动机、三相电动机）
按结构及工作原理分类	异步电动机（感应电动机、交流换向器电动机）
	同步电动机（永磁同步电动机、磁阻同步电动机、磁滞同步电动机）
按启动与运行方式分类	电容启动式电动机
	电容运转式电动机
	电容启动运转式电动机
	分相式电动机
按用途分类	驱动用电动机（电动工具用电动机、家电用电动机、其他通用小型机械设备用电动机）
	控制用电动机（步进电动机、伺服电动机）
按转子的结构分类	笼型感应电动机
按运转速度分类	绕线转子感应电动机
	高速电动机
	低速电动机
	恒速电动机
	调速电动机

3）常用低压电气设备工程

低压电器是指电压在 1000V 以下的各种控制设备、继电器及保护设备等。低压配电电器有刀开关、熔断器、转换开关和自动开关等。低压控制电器有接触器、控制继电器、启动器、控制器、主令电器、电阻器、变阻器和电磁铁等，主要用于电力拖动和自动控制系统中。

开关	分类：转换开关、自动开关、行程开关、接近开关		
熔断器	分类：瓷插式熔断器、螺旋式熔断器、封闭式熔断器、填充料式熔断器、自复式熔断器		
接触器	接触器是一种自动化的控制电器。主要控制对象是电动机，也可用于控制其他电力负载，如电热器、照明、电焊机、电容器组等。交流接触器广泛用于电力的开断和控制电路		
磁力启动器	由接触器、按钮和热继电器组成		
继电器	热继电器	主要用于电动机和电气设备的过负荷保护	
	时间继电器	用在电路中控制动作时间的继电器，其利用电磁原理或机械动作原理来延时触点的闭合或断开	
	中间继电器	将一个输入信号变成一个或多个输出信号的继电器，其输入信号是通电和断电，其输出信号是接点的接通或断开，用以控制各个电路	
	电流继电器	反映电路中电流状况的继电器。当电路中电流达到或超过整定的动作电流时，电流继电器便动作	
	固态继电器	温度继电器	加速度继电器	电压继电器

续表

漏电保护器	又叫漏电保护开关，是为防止人身误触带电体漏电而造成人身触电事故的一种保护装置，还可防止由漏电而引起的电器火灾和电器设备损坏等事故	
	按工作类型划分	开关型、继电器型、单一型、组合型
	按结构原理划分	电压动作型、电流型、鉴相型和脉冲型

4）配管配线工程

常用的导管	电线管	管壁较薄，管径以外径计算，适用于干燥场所的明、暗配
	焊接钢管	管壁较厚，管径以公称直径计算，适用于潮湿、有机械外力、有轻微腐蚀气体场所的明、暗配
	硬质聚氯乙烯管	耐腐蚀性较好，易变形老化，机械强度比钢管差，适用于腐蚀性较大的场所的明、暗配
	半硬质阻燃管	刚柔结合，易于施工，劳动强度较低，质轻，运输较为方便，已被广泛应用于民用建筑暗配管
	刚性阻燃管	连接方式采用专用接头插入法
导线的连接	导线连接有铰接、焊接、压接和螺栓连接等。各种连接方法适用于不同的导线及不同的工作地点	

（2）通风工程

建筑通风的任务是改善室内温度、湿度、洁净度和空气流速。

1）通风系统的组成

通风系统分为送风系统和排风系统。送风系统是将清洁空气送入室内，排风系统是排除室内的污染气体。

2）通风（空调）系统的主要设备和附件

通风机	按工作原理分类：离心式通风机、轴流式通风机、贯流式通风机	
风阀	空气输配管网的控制、调节机构，基本功能是截断或开通空气流通的管路，调节或分配管路流量	
风口	风口的基本功能是将气体吸入或排出管网，通风（空调）工程中使用最广泛的是铝合金风口，表面经氧化处理，具有良好的防腐、防水性能	
局部排风罩	按工作原理分类：密闭罩、柜式排风罩、外部吸气罩、接受式排风罩、吹吸式排风罩	
除尘器	按除尘机理分类：重力、惯性、离心、过滤、洗涤、静电除尘器	
	按气体净化程度分类：粗净化、中净化、细净化、超净化除尘器	
	按除尘效率和阻力分类：高效、中效、粗效和高阻、中阻、低阻除尘器	
消声器	一种能阻止噪声传播，同时允许气流顺利通过的装置	
空气幕设备	分为整体装配式空气幕和贯流式空气幕两种	
空气净化设备	有害气体的处理方法有多种，其中吸收法和吸附法较为常用	
	吸收设备	用于需要同时进行有害气体净化和除尘的排风系统中。常用的吸收设备有喷淋塔、填料塔、湍流塔
	吸附设备	常用的吸附介质是活性炭，吸附设备有固定床活性炭吸附设备、移动床吸附设备

（3）空调工程

1）空调系统的组成

空调系统包括送风系统和回风系统。空调系统基本由空气处理、空气输配、冷热源三部分组成，此外还有自控系统。

2）空调系统的主要设备及部件

喷水室	主要优点在于能够实现对空气加湿、减湿、加热、冷却多种处理，并具有一定的空气净化能力。喷水室消耗金属少，容易加工，但有水质要求高、占地面积大、水泵耗能多的缺点		
表面式换热器	具有构造简单、占地少、对水的清洁度要求不高、水侧阻力小等优点		
空气加湿设备	常见的加湿设备有喷水室加湿器、喷蒸汽加湿器、电热式加湿器、离心式加湿器、超声波加湿器		
空气减湿设备	常见的减湿设备有冷冻减湿机、加热通风除湿机、液体吸湿机、固体吸湿机、转轮除湿机、蒸发冷凝再生式减湿系统		
空气过滤器	分类：粗效过滤器、中效过滤器、高中效过滤器、亚高效过滤器和高效过滤器		
空调系统的消声和隔振装置	消声装置	消声器	根据消声原理不同可分为阻性、抗性、共振型和复合型
		消声静压箱	消声量与材料的吸声能力、箱内面积和出口侧风道的面积等因素相关
	隔振装置	软木、橡胶及橡胶隔振器、金属弹簧隔振器、金属弹簧及橡胶组合隔振器、空气弹簧隔振器	
空调水系统设备	冷却塔	常见的有逆流式（塔内空气和冷却水逆向流动）和横流式（塔内空气和冷却水垂直流动）	
	膨胀节	通用型、单式轴向型、复式轴向型、外压轴向型、减振型、抗震型、大拉杆横向型、旁通轴向压力平衡型	
空调机组	组合式空调机组	用户可以根据自己的需要选择不同的功能段进行组合	
	整体式空调机组	结构紧凑、体型较小，适用于需要对空气进行处理的功能不多、机房面积较小的场合	

（4）消防工程

火灾形成必须具备可燃物、氧气及热源三大要素，要使燃烧过程持续进行，三者缺一不可。

通常将火灾划分为下列四大类：

A类火灾：木材、布类、纸类、橡胶和塑胶等普通可燃物的火灾；

B类火灾：可燃性液体或气体的火灾；

C类火灾：电器设备的火灾；

D类火灾：钾、钠、镁等可燃性金属或其他活性金属的火灾。

1）水灭火系统

① 消火栓灭火系统；

② 喷水灭火系统。

自动喷水灭火系统	自动喷水灭火系统是一种能自动启动喷水灭火，并能同时发出火警信号的灭火系统，可以用于公共建筑、工厂、仓库等可以用水灭火的场所。其具有工作性能稳定、适应范围广、灭火效率高、维修简便等优点。根据使用要求和环境的不同，喷水灭火系统可分为湿式系统、干式系统、预作用系统、重复启闭预作用灭火系统等
水喷雾灭火系统	水喷雾灭火系统要求水压较自动喷水灭火系统高，水量大，在使用中受到一定的限制

2）气体灭火系统

二氧化碳灭火系统	用于扑救甲、乙、丙类（甲类闪点＜28℃，乙类闪点 28℃～60℃，丙类闪点≥60℃）液体、气体、固体表面和电器设备火灾
	适用场所： ① 油浸变压器室、装有可燃油的高压电容器室、多油开关及发电机房。 ② 电信、广播电视大楼的精密仪器室及贵重设备室、大中型电子计算机房。 ③ 加油站、档案库、文物资料室、图书馆的珍藏室。 ④ 大、中型船舶货舱及油轮油舱
七氟丙烷灭火系统	七氟丙烷灭火剂是一种无色、无味、低毒性、绝缘性好、无二次污染的气体。 七氟丙烷灭火系统具有效能高、速度快、环境效应好、不污染被保护对象、安全性强等特点，适用于有人工作的场所，对人体基本无害，但其不可用于下列物质引起的火灾： ① 氧化剂的化学制品及混合物，如硝化纤维、硝酸钠等； ② 活泼金属，如钾、钠、镁、铝、铀等； ③ 金属氧化物，如氧化钾、氧化钠等； ④ 能自行分解的化学物质，如过氧化氢、联胺等

3）泡沫灭火系统

泡沫灭火系统采用泡沫液作为灭火剂，主要用于扑救非水溶性可燃液体和一般固体火灾，如商品油库、煤矿、大型飞机库等。该系统具有安全可靠、灭火效率高的特点。关于水溶性可燃液体火灾，应采用抗溶性泡沫灭火剂灭火。

按泡沫发泡倍数分类	低、中、高倍数泡沫灭火系统
按设备安装使用方式分类	固定式、半固定式和移动式泡沫灭火系统
按泡沫喷射位置分类	液上喷射、液下喷射泡沫灭火系统

（5）给水排水工程

1）给水系统

① 室外给水系统

室外给水系统由：取水构筑物、水处理构筑物、泵站、输水管渠和管网、调节构筑物组成。

配水管网有树状管网和环状管网两种形式。

树状管网	将水厂泵站或水塔到用户的管线布置成树枝状，单一方向供水	供水可靠性较差，投资小
环状管网	干管前、后贯通，连接成环状	供水可靠性高，适用于供水不允许中断的地区

配水管网一般采用埋地敷设，覆土厚度不小于 0.7m，并且在冰冻线以下。

② 室内给水系统

室内给水系统由：引入管（进户管）、水表节点、管道系统（干、立、支管）、给水附件等组成。当室外管网水压不足时，须设置加压贮水设备。

室内给水方式及特点：

直接给水方式	供水较可靠，系统简单，投资省，安装、维护简单，可以充分利用外网水压，节省能量。内部无贮水设备，外网停水时内部立即断水。
	适用于外网水压、水量能满足用水要求，室内给水无特殊要求的单层和多层建筑
单设水箱供水方式	室内管网与外网直接连接，利用外网压力供水，同时设置高位水箱调节流量和压力。供水较可靠，系统较简单，可充分利用外网水压，节省能量。
	适用于外网水压周期性不足，室内要求水压稳定，允许设置高位水箱的建筑
设贮水池、水泵的给水方式	室外管网供水至贮水池，由水泵将贮水池中的水抽升至室内管网各用水点。供水安全可靠，不设高位水箱，不增加建筑结构荷载。
	适用于外网水量满足室内要求，而水压大部分时间不足的建筑
设水泵、水箱的给水方式	可以延时供水，供水可靠，充分利用外网水压，节省能量。
	缺点：安装、维护较麻烦，投资较大；有水泵振动和噪声干扰；须设高位水箱，增加结构荷载。
	适用于外网水压经常或间断不足，允许设置高位水箱的建筑

2）排水系统

排水系统按污废水类型分为生活污（废）水管道、工业污（废）水管道、屋面雨水管道系统。

① 室外排水系统组成：排水管道、检查井、跌水井、雨水口和污水处理厂等。

② 室外污水排除系统与雨水排除系统可以采用合流制或分流制。

③ 室内排水系统组成：卫生器具或生产设备受水器、存水弯、排水管道系统、通气管系统、清通设备。室内排水系统的基本要求是迅速通畅地排除建筑内部的污废水，保证排水系统在气压波动下不致使水封破坏。

3）热水供应系统

① 热水供应系统的组成

a. 热源供应设备。主要是锅炉，有条件时也可以用工业余热、废热、地热和太阳能作为热源。

b. 换热设备和热水贮存设备。换热设备常指加热水箱和换热器，它们用蒸汽或高温水把冷水加热成热水。热水贮存设备用于贮存热水，有热水箱和热水罐两种设备。

c. 管道系统。有冷水供应和热水供应管道系统。管道系统除管道外，还在管道上安装阀门、补偿器、排气阀、泄水装置等附件。

d. 其他设备。在全循环、半循环热水供应系统中，循环管道上应安装循环水泵。为控制水温，在换热设备的进热媒管道上应安装温度自控装置，在蒸汽管道末端应安装疏水阀。

② 热水供应系统分类

按供水范围分类，热水供应系统分为：局部热水供应系统、集中热水供应系统、区域热水供应系统。

（6）供暖工程

供暖系统由热源（热媒制备）、热网（热媒输送）和散热设备（热媒利用）三个主要部分组成。

1）热源

供暖系统常用热媒是水、蒸汽和空气。

供热设备主要是供热锅炉、地源热泵。

2）热网的组成和分类

按布置形式划分：枝状管网、环状管网、辐射状管网。

按介质的流动顺序划分：一级管网、二级管网。

按热网与供暖用户的连接方式划分：直接连接、间接连接。

3）供暖系统的分类

① 按热媒种类分类：热水供暖系统、蒸汽供暖系统、热风供暖系统。

② 按循环动力分类：重力循环系统、机械循环系统。

③ 按供暖范围分类：局部供暖系统、集中供暖系统、区域供暖系统、辐射供暖系统。

局部供暖系统	热源、热网及散热设备三个主要组成部分在一起的供暖系统，以煤火炉、户用燃气炉、电加热器等作为热源，作用于分散平房或独立别墅（独立小楼）的供暖系统		
集中供暖系统	将热源和散热设备分开设置，由管网连接，以锅炉房为热源，作用于一栋或几栋建筑物的供暖系统		
区域供暖系统	以热电厂、热力站或大型锅炉房为热源，作用于群楼、住宅小区等大面积供暖的供暖系统		
辐射供暖系统	按供热范围划分	局部辐射供暖系统、集中辐射供暖系统	
	按辐射面温度划分	高、中、低辐射供暖系统	
	按热媒划分	热水、蒸汽、空气和电辐射供暖系统	

（7）燃气工程

1）燃气供应系统

① 燃气供应系统主要由气源、输配系统和用户三部分组成。

② 燃气输配系统主要由燃气输配管网、储配站、调压计量装置、运行监控、数据采集系统组成。

③ 燃气系统附属设备由凝水器、补偿器、过滤器组成。

2）用户燃气系统

① 室外燃气管道

燃气高压、中压管道通常采用钢管，中压和低压采用钢管或铸铁管，塑料管多用于工作压力≤0.4MPa的室外地下管道。

② 室内燃气管道

按压力选材：当低压管道管径 $DN \leqslant 50$ 时，一般选用镀锌钢管，连接方式为螺纹连接；当管径 $DN > 50$ 时，选用无缝钢管，连接方式为焊接或法兰连接。中压管道选用无缝钢管，连接方式为焊接或法兰连接。

按安装位置选材：明装采用镀锌钢管，丝扣连接；埋地敷设采用无缝钢管焊接，要求防腐。

一、单项选择题 （每题的备选项中，只有1个最符合题意）

1. 一般情况下，燃气高压系统必须采用（　　）。

A. 铸铁管

B. 聚乙烯管

C. 钢管

D. 混凝土管

2. 在下述常用电光源中，频闪效应不明显的是（　　）。

A. 普通荧光灯

B. 白炽灯

C. 高压汞灯

D. 金卤灯

3. 发金白色光，发光效率高的灯具为（　　）。

A. 高压汞灯

B. 卤钨灯

C. 氙灯

D. 高压钠灯

4. 安装工程的主体是（　　）。

A. 管道敷设

B. 设备安装

C. 线路敷设

D. 设备基础

5. 下列选项中，不属于安装工程特点的是（　　）。

A. 工程建设的危险性

B. 设计的多样性

C. 工程运行的危险性

D. 环境条件的苛刻性

6. 通常将火灾划分为四大类，下列属于B类火灾的是（　　）。

A. 木材的火灾

B. 电器设备的火灾

C. 镁引起的火灾

D. 可燃性液体的火灾

7. 常用在容量较大的负载上作短路保护的设备是（　　）。

A. 低压熔断器

B. 封闭式熔断器

C. 低压配电屏

D. 自复式熔断器

8. 不允许中断供水的配水管网形式可采用（　　）。

    A. 枝状管网

    B. 复线枝状管网

    C. 放射状管网

    D. 环状管网

9. 下列关于消防水泵接合器的作用，说法正确的是(　　)。

    A. 灭火时通过消防水泵接合器接消防水带向室外供水灭火

    B. 火灾发生时消防车通过水泵接合器向室内管网供水灭火

    C. 灭火时通过水泵接合器给消防车供水

    D. 火灾发生时通过水泵接合器控制泵房消防水泵

10. 建筑智能化工程主要包括(　　)。

    A. 设备运行管理与监控系统

    B. 通信自动化系统

    C. 消防系统

    D. 安全防范自动化系统

11. 热源和散热设备分开设置，由管网将它们连接，以锅炉房为热源作用于一栋或几栋建筑物的供暖系统类型为(　　)。

    A. 局部供暖系统

    B. 分散供暖系统

    C. 集中供暖系统

    D. 区域供暖系统

12. 电器配管配线工程中，对潮湿、有机械外力、有轻微腐蚀气体场所的明、暗配管应选用的管材为(　　)。

    A. 半硬塑料管

    B. 硬塑料管

    C. 焊接钢管

    D. 电线管

13. 城市燃气供应系统中，目前在中、低压两级系统使用的燃气压送设备有罗茨式鼓风机和(　　)。

    A. 高心式鼓风机

    B. 往复式压送机

    C. 螺杆式压送机

    D. 滑片式压送机

14. 具有断路保护功能，能起到灭弧作用，还能避免相间短路，常在容量较大的负载上作短路保护用的低压电气设备是(　　)。

    A. 螺旋式熔断器

    B. 瓷插式熔断器

    C. 封闭式熔断器

    D. 铁壳刀开关

15. 接点多、容量大，可以将一个输入信号变成一个或多个输出信号的继电器是(   )。

  A. 电流继电器

  B. 温度继电器

  C. 中间继电器

  D. 时间继电器

16. 室内燃气管道管材选用时，正确的做法是(   )。

  A. 低压管道管径 $DN{\leqslant}50$ 时，可选用黑铁管，螺纹连接

  B. 低压管道管径 $DN{>}50$ 时，可采用无缝钢管，焊接或法兰连接

  C. 低压管道选用焊接钢管时，应采用加厚钢管

  D. 中压管道选用无缝钢管时，应采用螺纹连接

17. 冻土深度为 0.3m 的地区，城市配水管网埋地铺设于车行道下时，覆土厚度不小于(   )。

  A. 0.4m

  B. 0.5m

  C. 0.7m

  D. 1.0m

18. 当外网的水量满足室内要求，而水压大部分时间不足时，室内给水应采用(   )。

  A. 单设水箱的给水方式

  B. 单设水泵的给水方式

  C. 设贮水池、水泵的给水方式

  D. 设水泵、水箱的给水方式

19. 在电器照明配管配线工程中，不可明配的管道有(   )。

  A. 钢管

  B. 硬塑料管

  C. 半硬塑料管

  D. 电线管

20. 通风工程系统的组成部分有(   )。

  A. 风机盘管

  B. 变风量末端装置

  C. 冷冻水系统

  D. 空气净化设备

21. 通用设备工程不包括(   )。

  A. 热力设备工程

  B. 消防工程

  C. 光伏发电工程

  D. 静置设备与工艺金属工程

22. 消防工程主要包括(   )。

  A. 水灭火系统

B. 水幕系统

C. 火灾警报系统

D. 烟感系统

23. 下列属于工业管道工程的是（　　）。

A. 供暖系统

B. 热力管道系统

C. 通风空调系统

D. 低压管道

24. 符合高压汞灯等的额定功率的是（　　）。

A. 10W

B. 60W

C. 1100W

D. 1200W

25. 高速电动机是按（　　）分类的。

A. 运转速度

B. 转子结构

C. 用途

D. 启动方式

26. 低压电器设备是指（　　）及以下的设备。

A. 100V

B. 220V

C. 360V

D. 1000V

27. 一般适用于工业领域中的石化、交通和电力部门，要求的水压较自动喷水灭火系统高，水量也较大，根据上述说法，此系统是指（　　）。

A. 水喷雾灭火系统

B. 自动喷水灭火系统

C. 气体灭火系统

D. 泡沫灭火系统

28. 在燃气储配站的设施中，能够保证不间断地供应燃气，平衡、调度燃气供气量的是（　　）。

A. 压送设备

B. 储存装置

C. 分配站

D. 起点站

29. 主要用于扑救非水溶性可燃液体和一般固体火灾，如商品油库、煤矿、大型飞机库等，具有安全可靠、灭火效率高特点的灭火系统是（　　）。

A. 普通干粉灭火系统

B. 二氧化碳灭火系统

C. 泡沫灭火系统

D. 自动喷水灭火系统

30. 冷却塔是在塔内使空气和水进行( )而降低冷却水温度的设备。

A. 热交换

B. 对流

C. 反应

D. 喷淋

31. 优点是供水较可靠，系统较简单，投资较省，安装、维护较简单，可充分利用外网水压，节省能量；缺点是须设置高位水箱，增加结构荷载，若水箱容积不足，可能造成停水，适用于外网时水压周期性不足，室内要求水压稳定的室内给水方式是( )。

A. 直接给水方式

B. 单设水箱供水方式

C. 设贮水池、水泵的给水方式

D. 设水泵、水箱的给水方式

32. 防雷接地系统避雷针与引下线之间的连接方式应采用( )。

A. 焊接连接

B. 咬口连接

C. 螺栓连接

D. 铆接连接

33. 室外给水系统由取水构筑物、水处理构筑物、泵站、输水管渠和管网、调节构筑物组成。配水管网有树状管网和( )形式。

A. 弧状管网

B. 菱状管网

C. 圆状管网

D. 环状管网

34. 下列关于配水管网的表述，错误的是( )。

A. 配水管网上设置阀门和阀门井，通常沿道路或平行于建筑物铺设

B. 配水管网一般采用埋地铺设，覆土厚度不小于 0.5m，并且在冰冻线以下

C. 配水管网有树状管网和环状管网两种形式

D. 环状管网中的干管前、后贯通，连接成环状，供水可靠性好，适用于供水不允许中断的地区

35. 室外给水系统的组成部分包括( )。

A. 管道系统

B. 引入管

C. 泵站

D. 阀门

36. 室内给水系统由引入管（进户管）、水表节点管道系统（干管、立管、支管）、给水附件（阀门、水表配水龙头）等组成。( )不属于室内给水系统按用途划分的类别。

A. 生产给水系统

B. 生活给水系统

C. 消防给水系统

D. 景观给水系统

37. 室内给水系统按用途可分成生活给水系统、生产给水系统及消防给水系统。常见的给水方式有竖向分区给水方式、单设水箱供水方式等，包括（　　）。

A. 直接给水方式

B. 间接给水方式

C. 设贮水池、水泵的给水方式

D. 设水泵、水箱的给水方式

38. 直接给水方式是室外管网供水由引入管进入，经水表后直接供给用户。直接给水方式的特点不包括（　　）等。

A. 供水较可靠

B. 安装、维护简单

C. 内部无贮水设备，外网停水时内部立即断水

D. 投资较高

39. 单设水箱的供水方式适用于外网水压周期性不足、室内要求水压稳定、允许设置高位水箱的建筑。单设水箱供水方式的优点不包括（　　）等。

A. 供水较可靠

B. 系统较简单

C. 投资较低

D. 安装复杂

40. 设水泵、水箱的给水方式适用于外网水压经常或间断不足，允许设置高位水箱的建筑。这种给水方式的缺点不包括（　　）。

A. 维护较麻烦

B. 安装较麻烦

C. 投资较低

D. 有水泵振动和噪声干扰

41. 给水系统按给水管网的敷设方式不同，可以布置成三种管网方式，不包括（　　）。

A. 树状供水式

B. 上行下给式

C. 下行上给式

D. 环状供水式

42. 根据所接纳的污废水类型不同，排水系统可分为三大类，不包括（　　）。

A. 生活污（废）水管道系统

B. 工业污（废）水管道系统

C. 屋面雨水管道系统

D. 消防给水管道系统

43. 室内排水管道系统中可双向清通的设备是（　　）。

  A. 清扫口

  B. 检查口

  C. 地漏

  D. 通气帽

44. 室内排水系统由卫生器具或生产设备受水器、存水弯、排水管道系统、通气管系统、清通设备组成。其中清通设备不包括(   )。

  A. 地漏

  B. 检查井

  C. 雨水口

  D. 检查口和清扫口

45. 以下选项中,(   )不属于热水供应系统的组成部分。

  A. 清通设备

  B. 其他设备

  C. 热源供应设备

  D. 换热设备和热水贮存设备

46. 通风工程中通风机的分类方法很多,按其用途可分为屋顶通风机、射流通风机、防排烟通风机等,不包括(   )。

  A. 轴流式通风机

  B. 防腐通风机

  C. 防爆通风机

  D. 高温通风机

47. 下面有关热水供应管道的表述有误的是(   )。

  A. 在闭式集中热水供应系统中可设膨胀水罐、膨胀管,用于补偿贮热设备及管网中水温升高后水体积的膨胀量

  B. 热水管道的安装顺序:水平横支管、立管、水平横干管

  C. 在上行横干管最高处或干管向上抬高管段最高处可设自动排气阀,以利于排气

  D. 当室内热水供应管道长度超过40m时,一般应设套管伸缩器或方形补偿器

48. 以下有关供热设备的说法,有误的是(   )。

  A. 地下水源热泵是由地源热泵机组通过机组内闭式循环系统经过换热器与由水泵抽取的深层地下水进行冷热交换

  B. 可通过垂直钻孔将闭合换热系统埋置在50～500m深的岩土体中与土壤进行冷热交换

  C. 地源热泵可分为地下水源热泵、土壤源热泵以及地表水热泵;土壤源热泵又分为水平式地源热泵和垂直式地源热泵两种

  D. 锅炉设备包括锅炉本体及辅助设备两部分

49. 热网主要附件有管件、阀门、补偿器、支座和部件(放气、放水、疏水、除污等)等。其按布置形式划分为三大类,不包括(   )类。

  A. 树状管网

  B. 枝状管网

C. 环状管网

D. 辐射状管网

50. 燃气供应系统主要由三部分组成，不包括(   )。

A. 气源

B. 管道系统

C. 输配系统

D. 用户

51. 燃气输配系统主要由燃气输配管网、燃气储配站等组成，不包括(   )。

A. 燃气调压计量装置

B. 清通设备

C. 数据采集系统

D. 运行监控装置

52. 管道系统的组成由配气支管和用气管道等组成，不包括(   )。

A. 运行监控装置

B. 输气干管

C. 低压输配干管

D. 中压输配干管

53. 以下关于燃气供应系统的表述有误的是(   )。

A. 储存装置设备主要有低压湿式储气柜、低压干式储气柜、高压储气罐

B. 目前在中、低压两级系统中使用的压送设备有罗茨式鼓风机和往复式压送机

C. 燃气储配站主要由压送设备、储存装置、控制仪表以及消防设施辅助设施组成

D. 压送设备可用来提高燃气压力或输送燃气

54. 空调工程水系统不包括(   )。

A. 冷冻水系统

B. 冷却水系统

C. 排水系统

D. 热水系统

55. 自动喷水雨淋式灭火系统包括管道系统、雨淋阀、火灾探测器以及(   )。

A. 水流指示器

B. 预作用阀

C. 开式喷头

D. 闭式喷头

56. [2019 年陕西] 下列建筑电器系统中，属于弱电系统的是(   )。

A. 电器照明

B. 供电干线

C. 变配电室

D. 综合布线系统

二、多项选择题（每题的备选项中，有2个或2个以上符合题意，至少有1个错项）

1. 自动喷水灭火系统是一种最广泛的灭火系统，其优点有（　　）。
   A. 适应范围广
   B. 维修简便
   C. 适应于寒冷地区
   D. 工作性能稳定
   E. 灭火效率高

2. 空调系统由空气处理、空气输配、冷热源和自控系统等组成，下列选项属于空气处理部分的设备有（　　）。
   A. 过滤器
   B. 消声器
   C. 加热器
   D. 喷水室
   E. 加湿器

3. 继电器具有自动控制和保护系统的功能，下列继电器中主要用于电器保护的有（　　）。
   A. 热继电器
   B. 电压继电器
   C. 中间继电器
   D. 时间继电器
   E. 温度继电器

4. 燃气输配系统是一个综合设施，其组成除燃气输配管网、储配站外，还有（　　）。
   A. 调压计量装置
   B. 恒流计量站
   C. 运行监控系统
   D. 数据采集系统
   E. 燃气调压箱

5. 消声器是由吸声材料按不同的消声原理设计成的构件。它包括多种形式，除复合型外，还有（　　）。
   A. 共振型
   B. 冲激型
   C. 抗性型
   D. 阻性型
   E. 吸声型

6. 空调系统中，喷水室除了具有消耗金属少、容易加工的优点外，还具有（　　）的优点。
   A. 空气加湿和减湿功能
   B. 对空气能进行加热和冷却

C. 空气净化功能

D. 占地面积较小，消耗小

E. 水泵耗能少

7. 按照专业类别划分，安装工程一般分为（   ）大类。

A. 通用设备工程

B. 管道和设备工程

C. 电气和自动化控制工程

D. 电气照明及动力设备工程

E. 通风空调工程

8. 电动机的分类方式有多种，按启动与运行方式可分为（   ）。

A. 笼型感应电动机

B. 电容启动式电动机

C. 异步电动机

D. 单相电动机

E. 分相式电动机

9. 下列关于消防工程，说法正确的是（   ）。

A. 火的形成必须具备可燃物、氧气及热源三大要素

B. 10层及10层以上的建筑、建筑高度为24m以上的其他民用和工业建筑为高层建筑

C. 高层建筑发生火灾时，必须以"自救"为主

D. 自动喷水灭火系统具有工作性能稳定、适应范围广、灭火效率高、维修简便等优点

E. 水泵接合器应设在室外便于消防车使用的地点，且距室外消火栓或消防水池的距离不宜大于15m

10. 低区直接给水，高区设储水池、水泵、水箱的给水方式的缺点为（   ）。

A. 安装维护麻烦

B. 能量消耗较大

C. 水泵振动、噪声干扰

D. 供水可靠性差

E. 可利用部分外网水压

11. 清通设备主要包括（   ）。

A. 检查口

B. 清扫口

C. 室内检查井

D. 通气管

E. 通气帽

12. 为提高燃气压力或输送燃气，目前在中、低压两级燃气输送系统中使用的压送设备有（   ）。

A. 罗茨式鼓风机

    B. 螺杆式鼓风机

    C. 往复式压送机

    D. 透平式压送机

    E. 正压送风机

13. 燃气供应系统的组成包括(   )。

    A. 气源

    B. 输配系统

    C. 用户

    D. 管道系统

    E. 监控系统

14. 泡沫灭火系统有多种类型,按泡沫喷射位置分类有(   )。

    A. A类泡沫灭火剂

    B. 移动式泡沫灭火系统

    C. 液下喷射系统

    D. 液上喷射系统

    E. 固定式泡沫灭火系统

15. 低压电气设备工程中,接触器的主要控制对象有(   )。

    A. 电动机

    B. 电焊机

    C. 断路器

    D. 电容器组

    E. 照明

16. 采用气体放电发光电光源的是(   )。

    A. 白炽灯

    B. 荧光灯

    C. 汞灯

    D. LED灯

    E. 卤钨灯

17. 在燃气工程中,管道系统补偿器的形式有(   )。

    A. 方形管补偿器

    B. 套筒式补偿器

    C. 自然补偿器

    D. 波形管补偿器

    E. 橡胶补偿器

18. 空调系统中,对空气进行减湿处理的设备有(   )。

    A. 蒸发器

    B. 表面式冷却器

    C. 喷水室

    D. 加热器

E. 加湿器

19. 室内排水系统由( )等组成。

A. 受水器

B. 排水管道

C. 通气管及清通设备

D. 给水管道

E. 存水弯

20. 我国目前常用的气体灭火系统主要有( )。

A. CO_2 灭火系统

B. 卤代烷 1211 灭火系统

C. IG541 灭火系统

D. 七氟丙烷灭火系统

E. 热气溶胶预制灭火系统

21. 火灾通常划分为 A、B、C、D 四大类,属于 B 类火灾的有( )。

A. 木材、纸类等火灾

B. 可燃性液体火灾

C. 活性金属火灾

D. 可燃性气体火灾

E. 电器设备的火灾

22. 自动喷水灭火系统是一种最广泛的灭火系统,其优点有( )。

A. 适应范围广

B. 维修简便

C. 适应于寒冷地区

D. 工作性能稳定

E. 灭火效率高

23. 空调系统由空气处理、空气输配、冷热源和自控系统等组成,下列选项属于空气处理部分的设备有( )。

A. 过滤器

B. 消声器

C. 加热器

D. 喷水室

E. 加湿器

24. 继电器具有自动控制和保护系统的功能,下列继电器中主要用于电器保护的有( )。

A. 热继电器

B. 电压继电器

C. 中间继电器

D. 时间继电器

E. 温度继电器

25. 在室内竖向分区给水方式中，低位水箱并联供水方式同高位水箱串联供水方式相比，具有的特点有（   ）。

    A. 各区独立运行互不干扰，供水可靠

    B. 能源消耗较小

    C. 管材耗用较多，水泵型号较多，投资较高

    D. 水箱占用建筑上层使用面积

    E. 各区交叉运行，供水不可靠

答案与解析

一、单项选择题

1. C； 2. B； 3. D； 4. B； 5. A； 6. D； 7. B； 8. D； 9. B； 10. D；

11. C； 12. C； 13. B； 14. B； 15. C； 16. B； 17. B； 18. C； 19. C； 20. D；

21. C； 22. A； 23. B； 24. B； 25. A； 26. D； 27. A； 28. B； 29. C； 30. A；

31. B； 32. A； 33. D； 34. B； 35. C； 36. D； 37. D； 38. D； 39. D； 40. C；

41. A； 42. D； 43. B； 44. C； 45. A； 46. A； 47. B； 48. B； 49. A； 50. B；

51. B； 52. A； 53. C； 54. C； 55. C； 56. D

二、多项选择题

1. ABDE； 2. ACDE； 3. AB； 4. ACD； 5. ACD； 6. ABC； 7. ABC；

8. BE； 9. ABCD； 10. AC； 11. ABC； 12. AC； 13. ABC； 14. CD；

15. ABD； 16. BC； 17. BD； 18. BC； 19. ABCE；20. ACDE；21. BD；

22. ABDE；23. ACDE；24. AB； 25. AC

单选解析

多选解析

第 2 节　安装工程常用材料的分类、基本性能及应用

复习要点

1. 型材、板材和管材

（1）型材

常见型材有型钢材、塑型钢材。普通型钢可分为冷轧和热轧两种，其中热轧最常用。型钢按其断面形状可分为圆钢、方钢、六角钢、角钢、槽钢、工字钢、H 型钢和扁钢。

（2）板材

名称	分类依据	类型	特点及应用
钢板	轧制方式	热轧板和冷轧板	
	厚度	厚板、薄板	厚板（厚度＞4mm）、薄板（厚度≤4mm）
铝合金板	特点：延展性能好、耐腐蚀，适宜咬口连接，传热性能良好，在摩擦时不易产生火花。 应用：常用于防爆的通风系统		
塑料复合钢板	特点：普通薄钢板表面喷涂一层0.2～0.4mm厚的涂料，具有较好的耐腐蚀性		

（3）管材

1）金属管材

无缝钢管	可以用普通碳素钢、普通低合金钢、优质碳素结构钢、优质合金钢和不锈钢制成。比焊接钢管强度高	
焊接钢管	按形成划分	直缝钢管、螺纹缝钢管和双层卷焊钢管
	按用途划分	水、煤气输送钢管
	按壁厚划分	薄壁管和加厚管
合金钢管	特点：耐热合金钢管具有强度高、耐热的优点，其焊接有特殊工艺，焊后要对焊口部位采取热处理。 应用：用于各种锅炉耐热管道及过热器管道	
铸铁管	① 分类：给水铸铁管和排水铸铁管。 ② 连接形式：承插式和法兰式。 ③ 特点：经久耐用、抗腐蚀性强、质较脆，多用于耐腐蚀介质及给水排水工程。 ④ 应用：排水承插铸铁管适用于污水的排放，一般都是自流式，不承受压力；双盘法兰铸铁管的特点是装拆方便，工业上常用于输送硫酸和碱类等介质	

2）非金属管材

混凝土管	混凝土管有预应力钢筋混凝土管和自应力钢筋混凝土管两种。主要用于输水管道，管道连接采用承插接口，用圆形截面橡胶圈密封。钢筋混凝土管可以代替铸铁管和钢管，输送低压给水和气等。另外，还有混凝土排水管，包括素混凝土管和轻、重型钢筋混凝土管，主要用于输送水
陶瓷管	陶瓷管分为普通陶瓷管和耐酸陶瓷管两种，一般都是承插接口，用于输送除氢氟酸、热磷酸和强碱以外的各种浓度的无机酸和有机溶剂等介质
玻璃管	用于输送除氢氟酸、氟硅酸、热磷酸和热浓碱以外的一切腐蚀性介质和有机溶剂
玻璃钢管	玻璃钢管质量轻、隔热，耐腐蚀性好，可输送除氢氟酸和热浓碱以外的腐蚀性介质和有机溶剂
石墨管	石墨管热稳定性好，能导热、线膨胀系数小，不污染介质，能保证产品纯度，抗腐蚀，具有良好的耐酸性和耐碱性，主要用于高温耐腐蚀生产环境中
铸石管	铸石管的特点是耐磨、耐腐蚀，具有很高的抗压强度，多用于承受各种强烈磨损、强酸和碱腐蚀的地方
橡胶管	橡胶具有较好的物理机械性能和耐腐蚀性能
塑料管	塑料管具有质量轻、耐腐蚀、易成型和施工方便等特点

3）复合材料管材

铝塑复合管	① 特点：耐腐蚀、耐高压。 ② 连接：卡套式铜配件
钢塑复合管	① 组成：镀锌管＋UPVC 塑料（内壁）。 ② 特点：同时具有钢管和塑料管材的优点。 ③ 连接：管径为 15～150mm，以铜配件丝扣连接。 ④ 应用：多用作水温 50℃以下的建筑给水冷水管
钢骨架聚乙烯（PE）管	采用法兰或电熔连接方式，主要用于市政和化工管网
涂塑钢管	① 优点：具有高强度、易连接、耐水流冲击等优点；克服了普通钢管遇水易腐蚀、污染、结垢及塑料管强度不高、消防性能差等缺点，设计寿命可达 50 年。 ② 缺点：安装时不得进行弯曲、热加工和电焊切割等作业
玻璃钢管（FRP 管）	① 组成：合成树脂与玻璃纤维材料，使用模具复合制造而成。 ② 特点：强度大、质量轻，耐酸碱气体腐蚀，表面光滑，坚固耐用
UPVC/FRP 复合管	耐腐蚀、强度高、耐温性好，能在小于 80℃时耐一定压力。用于油田、化工、机械、冶金、轻工、电力等行业

2. 管件、阀门及焊接材料

（1）管件

螺纹连接管件	常见类型：管接头、异径管（大小头）、等径与异径三通、活接头。主要用于煤气管道、供暖和给水排水管道。在工艺管道中，除需要经常拆卸的低压管道外，其他物料管道上很少使用
冲压和焊接弯头	主要分为冲压无缝弯头、冲压焊接弯头、焊接弯头。其中，冲压无缝弯头用优质碳素钢、不锈耐酸钢和低合金高强度无缝钢管在特制的模具内压制成型，有 90°和 45°两种
高压弯头	采用优质碳素钢或低合金钢锻造而成。根据管道的连接形式，弯头两端加工成螺纹或坡口，加工精度很高

（2）阀门

名称	特点	应用
截止阀	结构简单，严密性较高，制造和维修比较方便，阻力比较大。安装时低进高出，不能反装	热水供应、高压蒸汽管路，不适用于带颗粒、黏性较大的介质
闸阀	① 优点：闸阀和截止阀相比，开启和关闭时省力，水流阻力较小，阀体比较短，当闸阀完全开启时，其阀板不受流动介质的冲刷磨损。闸阀无安装方向，但不宜单侧受压，否则不易开启。 ② 缺点：严密性较差，尤其在启闭频繁时；不完全开启时，水流阻力较大	闸阀一般只作截断装置使用，用于完全开启或完全关闭的管路中，而不宜用于需要调节大小和启闭频繁的管路。其主要用在一些大口径管道上
止回阀	① 根据结构不同分为：升降式（水平管道）、旋启式（水平和垂直管道）。 ② 特点：只许介质向一个方向流通，阻止逆向流动（单向性）	一般适用于清洁介质，不适用于带固体颗粒、黏性较大的介质

续表

名称	特点	应用
蝶阀	结构简单、体积小、质量轻，旋转90°即可快速启闭，通过阀门产生的压力降很小，流量控制特性较好。蝶阀完全开启时，蝶阀厚度是介质流经阀体时的唯一阻力	适合安装在大口径管道上。在石油、煤气、化工、水处理、热电站的冷却水系统应用广泛
旋塞阀	结构简单，外形尺寸小，启闭迅速，操作方便，流体阻力小，便于制造三通或四通阀门，可作分配换向用。密封面易磨损，开关力较大	通常用于温度和压力不高的管路上。热水龙头属于旋塞阀
球阀	① 结构紧凑、密封性能好、结构简单、体积较小、质量轻、材料耗用少。 ② 安装尺寸小，驱动力矩小。 ③ 操作简便、易实现快速启闭、维修方便	适用于水、溶剂、酸和天然气等工作介质，工作条件恶劣的介质（氧气、过氧化氢、甲烷、乙烯），含纤维、微小固体颗粒等介质
节流阀	没有单独的阀盘，而是利用阀杆的端头磨光代替阀盘，外形尺寸小巧，质量轻，该阀门主要用于节流。制作精度要求高，密封较好	主要用于节流，不适用于黏度大和含有固体悬浮物颗粒的介质
安全阀	① 分为弹簧式、杠杆式两种。 ② 选用安全阀的主要参数：排泄量。 ③ 排泄量决定了安全阀的阀座口径和阀瓣开启高度。	安全阀是一种安全装置，当管路系统或设备中介质的压力超过规定数值时，将自动降压，以免发生爆炸危险
减压阀	减压阀的进出口一般装有截止阀	减压阀只适用于蒸汽、空气或清洁水等清洁介质
疏水阀	种类有浮桶式、恒温式、热动立式及脉冲式	作用在于阻气排水，属于自动作用阀门

（3）焊接材料

焊接材料分为手工电弧焊焊接材料、电弧刨割条、埋弧焊焊接材料。

手工电弧焊焊接材料：

① 焊条的组成

焊芯	作用：一是传导焊接电流，产生电弧把电能转换成热能；二是焊芯本身熔化为填充金属与母材金属熔合形成焊缝
药皮	作用是保证被焊接金属获得合乎要求的化学成分和力学性能，并使焊条具有良好的焊接工艺性能

② 焊条的分类

按焊条药皮融化后的熔渣特性分	酸性焊条，一般用于焊接低碳钢和不太重要的碳钢结构
	碱性焊条，用于合金钢和重要碳钢结构的焊接

3. 防腐蚀、绝热材料

（1）防腐材料

常用的防腐材料有涂料、玻璃钢、橡胶制品、无机板材。

1）涂料

涂料可分两大类：油基漆（成膜物质为干性油类）和树脂基漆（成膜物质为合成树脂）。按其所起作用，可分为底漆和面漆两种。

底漆	生漆	优点：耐酸性、耐溶剂性、抗水性、耐油性、耐磨性、耐土壤腐蚀和附着力很强。 缺点：不耐强碱及强氧化剂、干燥时间长、毒性大，使用温度约150℃
	漆酚树脂漆	不耐阳光紫外线照射、涂料不能久置。 应用：化肥、氯碱的生产（防气体腐蚀），地下防潮和防腐蚀涂料
	酚醛树脂漆	电绝缘性、耐油性良好。耐60％硫酸、盐酸、一定浓度的醋酸、磷酸、大多数盐类和有机溶剂。 不耐强氧化剂和碱；漆膜较脆，与金属的附着力差；使用温度为120℃
	环氧-酚醛漆	机械性能、耐碱性、耐酸、耐溶、电绝缘性良好
	环氧树脂涂料	耐腐蚀性能良好，特别是耐碱性，有较好的耐磨性；极好的附着力，漆膜弹性、硬度良好，收缩率低，使用温度90～100℃。 加入适量的呋喃树脂改性，可以提高使用温度。热固型环氧涂料的耐温性、耐腐蚀性比冷固型好。在无条件进行热处理时，采用冷固型涂料

2）玻璃钢

略。

3）橡胶

目前用于防腐的橡胶主要是天然橡胶。

用作化工衬里的橡胶由生胶经过硫化处理而成。经过硫化后的橡胶具有一定的耐热性能、机械强度及耐腐蚀性能。其可分为软橡胶、半硬橡胶和硬橡胶三种。

（2）绝热材料

绝热材料	轻质、疏松、多孔的纤维状材料， 包括保温材料、保冷材料	分为有机材料和无机材料
热力设备及管道保温	不腐烂、不燃烧、耐高温	无机绝热材料：石棉、硅藻土、珍珠岩、玻璃纤维、泡沫混凝土和硅酸钙
低温保冷工程	表观密度小、热导率低、原料来源广、不耐高温、吸湿时易腐烂	有机绝热材料：软木、聚苯乙烯泡沫塑料、聚氨基甲酸酯、牛毛毡和羊毛毡

4. 电气材料

（1）导线

类型	特点	应用
裸导线	没有绝缘层的导线，包括铜线、铝线、铝绞线、铜绞线、钢芯铝绞线和各种型线	① 铜绞线用于电流密度较大、化学腐蚀严重的地区。 ② 铝绞线用于挡距小的架空线路。 ③ 钢芯铝绞线用于挡距大的架空线路
绝缘导线	组成：导电线芯、绝缘层、保护层	用于电气设备、照明装置、电工仪表、输配电线路的连接

（2）电力线缆

1）电缆的型号表示法

① 在实际建筑工程中，优先选用交联聚乙烯绝缘电缆，其次选用不滴油纸绝缘电缆，最后选用普通油浸纸绝缘电缆。

② 当电缆水平高差较大时，不宜使用黏性油浸纸绝缘电缆。直埋电缆必须选用铠装电缆。

2) 几种常用电缆及其特性

电缆型号		名　　称	适 用 范 围
铜芯	铝芯		
YJV	YJLV	交联聚乙烯绝缘聚氯乙烯护套电力电缆	室内，隧道，穿管，埋入土内（不承受机械力）
YJY	YJLY	交联聚乙烯绝缘聚乙烯护套电力电缆	
YJV$_{22}$	YJLV$_{22}$	交联聚乙烯绝缘聚氯乙烯护套双钢带铠装电力电缆	室内，隧道、穿管，埋入土内
YJV$_{23}$	YJLV$_{23}$	交联聚乙烯绝缘聚乙烯护套双钢带铠装电力电缆	
YJV$_{32}$	YJLV$_{32}$	交联聚乙烯绝缘聚氯乙烯护套细钢丝铠装电力电缆	竖井，水中，有落差的地方（能承受外力）
YJV$_{33}$	YJLV$_{33}$	交联聚乙烯绝缘聚乙烯护套细钢丝铠装电力电缆	

（3）控制及综合布线电缆

1) 控制电缆

控制电缆按工作类别可分为普通、阻燃（ZR）、耐火（NH）、低烟低卤（DLD）、低烟无卤（DW）、高阻燃类（GZR）、耐温类和耐寒类等。

2) 综合布线电缆

综合布线电缆是用于传输语言、数据、影像和其他信息的标准结构化布线系统。主要目的是在网络技术不断升级的条件下，实现高速率数据的传输要求。传输媒体有各种大对数铜缆和各类非屏蔽双绞线及屏蔽双绞线。

电力电缆和控制电缆的区别

电力电缆	控制电缆
分铠装、无铠装	有编织的屏蔽层
线径较粗	截面≤10mm^2
铜芯、铝芯	铜芯
耐高压、绝缘层厚	低压、绝缘层薄
芯数＜5	芯数多

（4）母线及桥架

1) 母线

母线是各级电压配电装置的中间环节，它的作用是汇集、分配和传输电能。其主要用于电厂发电机出线至主变压器、厂用变压器以及配电箱之间的电器主回路的连接，又称为汇流排。母线分为裸母线和封闭母线两大类。

裸母线分为两类：一类是软母线（多股铜绞线或钢芯铝线）用于电压较高（350kV以上）的户外配电装置；另一类是硬母线，用于电压较低的户内外配电装置和配电箱之间电器回路的连接。

母线的连接有焊接和螺栓连接两种。

2) 桥架

桥架具有制作工厂化、系列化、质量容易控制、安装方便等优点。其广泛应用在发电厂、变电站、工矿企业、各类高层建筑、大型建筑及各种电缆密集场所或电器竖井内。

一、单项选择题（每题的备选项中，只有 1 个最符合题意）

1. 工程中高压管道指的是(　　)的管道。
   A. 高压 10.00MPa$<P\leqslant$42.00MPa
   B. 高压 10.00MPa$\leqslant P<$42.00MPa
   C. 高压 6.00MPa$<P\leqslant$10.00MPa
   D. 高压 6.00MPa$\leqslant P<$10.00MPa

2. 球阀是近年来发展最快的阀门品种之一，其主要特点为(　　)。
   A. 密封性能好，但结构复杂
   B. 启闭慢、维修不方便
   C. 不能用于输送氧气、过氧化氢等介质
   D. 适用于含纤维、微小固体颗粒的介质

3. 具有结构紧凑、体积小、质量轻、驱动力矩小、操作简单、密封性能好的特点，易实现快速启闭，不仅适用于一般工作介质，而且还适用于工作条件恶劣介质的阀门为(　　)。
   A. 蝶阀
   B. 旋塞阀
   C. 球阀
   D. 节流阀

4. 五类大对数铜缆的型号为(　　)。
   A. UTP CAT51.025～50（25～50 对）
   B. UTP CAT5.025～100（25～50 对）
   C. UTP CAT5.025～50（25～50 对）
   D. UTP CAT3.025～100（25～100 对）

5. 它是最轻的热塑性塑料管材，具有较高的强度、较好的耐热性，且无毒、耐化学腐蚀，但其低温易脆化。其每段长度有限，且不能弯曲施工，目前广泛用于冷热水供应系统中。此种管材为(　　)。
   A. 聚乙烯管
   B. 超高分子量聚乙烯管
   C. 无规共聚聚丙烯管
   D. 工程塑料管

6. 酚醛树脂漆，过氯乙烯漆及环氧树脂 634 在使用中的共同特点为(　　)。
   A. 耐有机溶剂介质的腐蚀
   B. 具有良好的耐碱性
   C. 既耐酸又耐碱腐蚀
   D. 与金属附着力差

7. 结构简单，严密性较高，制造和维修方便，阻力比较大，且用于热水供应及高压蒸汽管路中的是(　　)。
   A. 驱动阀门

B. 自动阀门

C. 截止阀

D. 闸阀

8. 为保证焊缝质量，使氧化物还原，在焊条药皮中要加入一些（   ）。

A. 还原剂

B. 催化剂

C. 氧化剂

D. 活化剂

9. 转心门指的是（   ）。

A. 针型阀

B. 减压阀

C. 旋塞阀

D. 疏水阀

10. 利于防锈并改善电接触状况，焊丝表面均镀（   ）。

A. 镍

B. 锌

C. 铜

D. 铝

11. 为充分发挥埋弧焊大电流和高熔敷率的优点，自动埋弧焊一般使用的焊丝直径是（   ）。

A. 1～2mm

B. 2～4mm

C. 3～6mm

D. 4～8mm

12. 螺纹连接管件分镀锌和不镀锌两种，一般均采用（   ）制造。

A. 球墨铸铁

B. 灰口铸铁

C. 白口铸铁

D. 可锻铸铁

13. 热水龙头属于（   ）阀。

A. 止回阀

B. 截止阀

C. 闸阀

D. 旋塞阀

14. 截止阀在安装时要注意流体（   ），方向不能装反。

A. 高进高出

B. 高进低出

C. 低进低出

D. 低进高出

15. 适用于大型快速施工的需要，广泛应用在化肥、氯碱生产中的是(　　　)。
   A. 漆酚树脂漆
   B. 酚醛树脂漆
   C. 环氧-酚醛漆
   D. 环氧树脂涂料

16. 用作化工衬里的橡胶由生胶经过(　　　)而成。
   A. 硫化处理
   B. 固溶处理
   C. 冷处理
   D. 热处理

17. 聚异丁烯橡胶使用最高温度一般为(　　　)。
   A. 50～60℃
   B. 40～50℃
   C. 60～70℃
   D. 70～80℃

18. 若需要在某一高层建筑竖井中敷设电力电缆，此时应选用的电力电缆名称为(　　　)。
   A. 交联聚乙烯绝缘聚乙烯护套电力电缆
   B. 交联聚乙烯绝缘聚乙烯护套连锁铠装电力电缆
   C. 交联聚乙烯绝缘聚氯乙烯护套双钢带铠装电力电缆
   D. 交联聚乙烯绝缘聚氯乙烯护套细钢丝铠装电力电缆

19. 在架空配电线路中，(　　　)因其有优良的导线性能和较高的机械强度，且耐腐蚀性强，一般应用于电流密度较大或化学腐蚀较严重的地区。
   A. 铜天线
   B. 钢芯铝绞线
   C. 铝绞线
   D. 铜绞线

20. 热塑性聚乙烯能够转变成(　　　)从而大幅度提高电缆的耐热性能和使用寿命。
   A. 黏性油浸纸绝缘电缆
   B. 不滴油纸绝缘电缆
   C. 铠装绝缘电缆
   D. 交联聚乙烯绝缘电缆

21. 铝芯橡皮绝缘导线型号为(　　　)。
   A. BLX
   B. BX
   C. BBX
   D. BVR

22. 聚氯乙烯绝缘护套电力电缆导线的最高温度不超过(　　　)。
   A. 80℃

B. 100℃

C. 120℃

D. 160℃

23. 耐腐蚀性优于金属材料，具有优良的耐磨性、耐化学腐蚀性，绝缘性及较高的抗压性能，这种管材材料为（　　）。

    A. 陶瓷

    B. 玻璃

    C. 铸石

    D. 石墨

24. 双盘法兰铸铁管常应用于（　　）。

    A. 室外给水工程

    B. 室外排水工程

    C. 水处理厂输送污水

    D. 输送硫酸及碱类介质

25. 某阀门结构简单、体积小、质量轻，仅由少数几个零件组成，操作简单，阀门处于全开位置时，阀板厚度是介质流经阀体的唯一阻力，阀门所产生的压力降很小，具有较好的流量控制特性。该阀门应为（　　）。

    A. 截止阀

    B. 蝶阀

    C. 旋塞阀

    D. 闸阀

26. 与碱性焊条相比，酸性焊条焊接时所表现出的特点为（　　）。

    A. 存在铁锈和水分时，很少产生氢化孔

    B. 熔渣脱氧较完全

    C. 能有效消除焊缝金属中的硫

    D. 焊缝金属力学性能较好

27. 阀门的种类很多，按其动作特点划分，不属于自动阀门的为（　　）。

    A. 止回阀

    B. 疏水阀

    C. 节流阀

    D. 浮球阀

28. 若需沿竖井和水中敷设电力电缆，应选用（　　）。

    A. 交联聚乙烯绝缘聚氯乙烯护套细钢丝铠装电力电缆

    B. 交联聚乙烯绝缘聚氯乙烯护套双钢带铠装电力电缆

    C. 交联聚乙烯绝缘聚乙烯护套双钢带铠装电力电缆

    D. 交联聚乙烯绝缘聚乙烯护套电力电缆

29. 在实际建筑工程中，按绝缘方式一般应优先选用的电缆为（　　）。

    A. 橡皮绝缘电缆

    B. 聚氯乙烯绝缘电缆

    C. 油浸纸绝缘电缆

    D. 交联聚乙烯绝缘电缆

30. 金属薄板是制作风管及部件的主要材料,下列说法错误的是(　　)。

    A. 易于加工制作、安装方便且耐高温

    B. 普通薄钢板俗称白铁皮

    C. 镀锌薄钢板常用厚度为 0.5～1.5mm

    D. 有防爆要求的场所通常采用铝及铝合金板制作风管

31. 螺纹连接管件分为镀锌和非镀锌两种,常用的螺纹连接管件有(　　)。

    A. 直连头

    B. 焊接弯头

    C. 弯头

    D. 异径三通

32. 下列关于冲压和焊接弯头的说法中,错误的是(　　)。

    A. 冲压无缝弯头采用模具冲压成半块环形弯头再组对焊接

    B. 焊接弯头主要制作方法有两种

    C. 冲压焊接弯头出厂为半成品,施工时现场焊接

    D. 冲压无缝弯头有 90°和 45°两种

33. 阀门按照压力划分的标准错误的是(　　)。

    A. 低压阀门为 $0 < P \leqslant 1.6 MPa$

    B. 中压阀门为 $1.60 < P \leqslant 10 MPa$

    C. 高压阀门为 $10.00 < P \leqslant 40 MPa$

    D. 蒸汽管道阀门 $P \geqslant 9.00 MPa$

34. 下列关于各类阀门的说法中,错误的是(　　)。

    A. 截止阀不适用于带颗粒和黏性较大介质的管道

    B. 大口径管道截断装置一般采用闸阀

    C. 止回阀的作用是防止输送介质回流

    D. 蝶阀的开启角度为 180°

35. 下列关于导线的说法中,错误的是(　　)。

    A. 一般采用铜、铝、铝合金和钢制造

    B. 按照线芯结构分为单股导线和多股导线

    C. 按照绝缘结构分为裸导线和绝缘导线

    D. 按照强度分为普通导线、硬质导线和铠装导线

36. 裸导线产品型号类别所对应的代号正确的是(　　)。

    A.L—热处理铝镁硅合金线

    B.M—电车线

    C.T—银铜合金

    D.S—电刷线

37. 现场检查某批进场绝缘导线的产品说明书,导线型号标注为 BVV,其代表的意义为(　　)。

A. 铜芯聚氯乙烯绝缘软线

B. 铜芯聚氯乙烯绝缘氯乙烯护套圆形电线

C. 铜芯聚氯乙烯绝缘氯乙烯护套平型电线

D. 铜芯橡胶绝缘软线

38. 下列关于型钢规格的说法中，错误的是(　　　)。

A. 圆钢用直径表示

B. 六角钢用对边距离表示

C. 扁钢用厚度×宽度表示

D. 工字钢用边厚×边宽表示

39. 普通钢薄板用来制作风管及机器外壳防护罩的常用厚度为(　　　)mm。

A. 1.0～2.5

B. 0.5～1.5

C. 0.5～2.0

D. 1.0～1.5

40. 薄钢板用于制作空调机箱、水柜和气柜时的一般厚度为(　　　)mm。

A. 2.0～3.0

B. 2.0～4.0

C. 2.5～3.0

D. 2.5～4.0

41. 下列不属于复合管材的是(　　　)。

A. 无规共聚聚丙烯管

B. 涂塑钢管

C. 玻璃钢管

D. 铝塑复合管

42. 常用的防腐材料不包括(　　　)。

A. 涂料

B. 玻璃钢

C. 橡胶制品

D. 有机板材

43. 表面光滑，质量轻，强度大，坚固耐用，可输送氢氟酸和热浓碱以外的腐蚀性介质和有机溶剂的复合管材为(　　　)。

A. 铝塑复合管

B. 钢塑复合管

C. 涂塑钢管

D. 玻璃钢管（FRP 管）

44. 延展性能好、耐腐蚀，适宜咬口连接，且具有传热性能良好、在摩擦时不易产生火花的特性，常用于防爆的通风系统的板材为(　　　)。

A. 镀锌钢板

B. 塑料复合钢板

　　C. 白铁皮

　　D. 铝合金板

45. 表面有保护层，起防锈作用，一般不再刷防锈漆的板材为(　　)。

　　A. 普通碳素结构钢板

　　B. 镀锌钢板

　　C. 低合金高强度结构钢板

　　D. 不锈钢板

46. 装拆方便，工业上常用于输送硫酸和碱类等介质的管材为(　　)。

　　A. 球墨铸铁管

　　B. 承插铸铁管

　　C. 单盘法兰铸铁管

　　D. 双盘法兰铸铁管

47. 下列关于酚醛树脂漆的说法中，错误的是(　　)。

　　A. 使用温度一般为 150℃

　　B. 具有良好的绝缘性

　　C. 对强氧化剂耐受性较弱

　　D. 漆膜脆、易开裂

48. 下列焊接方式不属于电弧焊的是(　　)。

　　A. 电阻焊

　　B. 焊条电弧焊

　　C. 钨极气体保护焊

　　D. 药芯焊丝电弧焊

49. 橡胶的(　　)与使用寿命有关。

　　A. 材质

　　B. 施工技术

　　C. 产地

　　D. 使用温度

50. 玻璃钢由于有(　　)的增强作用，具有较高的机械强度和整体性，受到机械碰击等也不容易出现损伤。

　　A. 玻璃纤维

　　B. 增韧剂

　　C. 不饱和聚酯树脂

　　D. 环氧树脂

51. 生漆的使用温度约(　　)。

　　A. 100℃

　　B. 120℃

　　C. 150℃

　　D. 160℃

52. 漆酚树脂漆涂料不能久置超过(　　)。

A. 半年

B. 3个月

C. 1个月

D. 2个月

53. 用于电压较低的户内外配电装置和配电箱之间电器回路的连接的母线通常为(　　)。

　　A. 软母线

　　B. 离相封闭母线

　　C. 电缆母线

　　D. 硬母线

54. 交联聚乙烯绝缘电力电缆电场分布均匀，没有切向应力，质量轻，载流量大，常用于(　　)及以下的电缆线路中。

　　A. 400kV

　　B. 1000kV

　　C. 500kV

　　D. 100kV

55. 用于各种锅炉耐热管道和过热器管道的管材是(　　)。

　　A. 无缝钢管

　　B. 焊接钢管

　　C. 合金钢管

　　D. 铸铁管

56. 具有表面光滑，不易挂料，输送流体时阻力小，耐磨且价格低廉，并具有保持产品高纯度和便于观察生产过程等特点的管材是(　　)。

　　A. 玻璃管

　　B. 玻璃钢管

　　C. 石墨管

　　D. 铸石管

57. 通常按组对的半成品出厂，施工时根据管道焊缝等级进行焊接的是(　　)。

　　A. 冲压无缝弯头

　　B. 焊接弯头

　　C. 高压弯头

　　D. 冲压焊接弯头

58. 绝热材料不应选用的是(　　)材料。

　　A. 导热系数大

　　B. 无腐蚀性

　　C. 耐热

　　D. 性能稳定

59. 高温绝热材料的使用温度不应为(　　)。

　　A. 650℃

    B. 750℃

    C. 850℃

    D. 950℃

60. 漆膜较脆,温差变化大时易开裂,与金属附着力较差,在生产应用中受到一定限制的是(　　)。

    A. 生漆

    B. 漆酚树脂漆

    C. 酚醛树脂漆

    D. 环氧树脂涂料

61. 不属于软接线的是(　　)。

    A. 铜电刷线

    B. 铜母线

    C. 铜软绞线

    D. 铜特软绞线

62. 下列绝缘电线不是按绝缘材料分类的是(　　)电线。

    A. 单联聚乙烯绝缘

    B. 聚氯乙烯绝缘

    C. 聚乙烯绝缘

    D. 丁腈聚氯乙烯复合物绝缘

63. 某石化车间需设置防爆通风系统,该系统应选用的板材为(　　)。

    A. 镀锌钢板

    B. 不锈钢板

    C. 玻璃钢板

    D. 铝合金板

64. 耐磨、耐腐蚀,具有很高的抗压强度,多用于承受各种强烈磨损、强酸和碱腐蚀处的是(　　)管材。

    A. 玻璃钢管

    B. 铸石管

    C. 石墨管

    D. 陶瓷管

65. 高压弯头采用锻造工艺制成,其选用材料除优质碳素钢外,还可选用(　　)。

    A. 低合金钢

    B. 中合金钢

    C. 优质合金钢

    D. 高合金钢

66. 按阀门动作特点分类,属于驱动阀门的有(　　)。

    A. 减压阀

    B. 疏水阀

    C. 止回阀

D. 旋塞阀

67. 交联聚乙烯绝缘电力电缆在竖井、水中、有落差的地方及承受外力情况下敷设时，应选用的电缆型号为（　　）。

A. VLV

B. YJV$_{22}$

C. VLV$_{22}$

D. YJV$_{32}$

68. 管材和管件的选用，按压力选材，当低压管道管径（　　）时，选用无缝钢管，材质为20号钢，连接方式为焊接或法兰连接。

A. ≤50mm

B. >50mm

C. ≥50mm

D. <50mm

69. 下列关于排水管道管材与连接的叙述，不正确的是（　　）。

A. 在实际安装工程中，A型和W型两种管材搭配使用效果较好

B. 刚性接口排水管具有较强的抗屈挠、伸缩变形能力和抗震能力，具有广泛的适用性

C. 从接口的连接方式上，柔性接口铸铁排水管材又可分为A型柔性法兰接口、W型无承口柔性接口

D. 从接口形式上，铸铁排水管材可以分为刚性接口和柔性接口两大类

70. 塑料排水管具有物化性能优良、耐化学腐蚀、抗冲强度高等特点，选项（　　）不属于塑料排水管的特点。

A. 安装复杂

B. 耐化学腐蚀

C. 耐老化

D. 质轻耐用

71. 一般情况下，燃气高压系统必须采用（　　）。

A. 铸铁管

B. 聚乙烯管

C. 钢管

D. 混凝土管

72. 以下关于混凝土管的表述错误的是（　　）。

A. 混凝土管有预应力钢筋混凝土管和自应力钢筋混凝土管两种

B. 预应力钢筋混凝土管的规格范围为内径600～1400mm，适用压力范围为0.4～1.2MPa

C. 自应力钢筋混凝土管的规格范围为内径100～600mm，适用压力范围为0.4～1.0MPa

D. 钢筋混凝土管可以代替铸铁管和钢管，用于输送低压给水和气等

73. 关于陶瓷管的表述，选项（　　）是错误的。

  A. 耐酸陶瓷管的规格范围为内径 50～800mm

  B. 陶瓷管分为普通陶瓷管和耐酸陶瓷管两种

  C. 普通陶瓷管的规格范围为内径 100～300mm

  D. 陶瓷管一般都是承插接口，普通陶瓷管多用于建筑工程室外排水管道

74. 玻璃管用于输送除氢氟酸、氟硅酸、热磷酸和热浓碱以外的腐蚀性介质和有机溶剂，其特点不包括( )。

  A. 便于观察生产过程

  B. 表面光滑、不易挂料

  C. 耐磨且价格低廉

  D. 输送流体时阻力大

75. 石墨管主要用于高温耐腐蚀生产环境中。关于石墨管的特点，错误的是( )。

  A. 不污染介质

  B. 能保证产品纯度

  C. 具有良好的耐酸性和耐碱性

  D. 线膨胀系数大

76. 下列关于非金属管材的说法，错误的是( )。

  A. 橡胶具有较好的耐腐蚀性能

  B. 橡胶具有较好的物理机械性能

  C. 硬聚氯乙烯管分为轻型管和重型管两种

  D. 塑料管施工不便

77. 塑料管的特点不包括( )。

  A. 质量轻

  B. 耐腐蚀

  C. 易成型

  D. 施工不便

78. 下列选项中，聚乙烯管（PE 管）的特点不包括( )，在常温下不溶于任何溶剂，低温性、抗冲击性和耐久性均比聚氯乙烯管好。

  A. 耐腐蚀

  B. 质量轻、可盘绕

  C. 韧性好

  D. 有毒

79. 聚丁烯（PB）管适于输送热水，其特点不包括( )。

  A. 质量轻

  B. 抗腐蚀性能好

  C. 不可塑性

  D. 使用安装维修方便

80. 下面有关钢骨架聚乙烯（PE）管和涂塑钢管的说法，错误的是( )。

  A. 钢骨架聚乙烯（PE）管以优质低碳钢丝为增强相，高密度聚乙烯为基体

  B. 钢骨架聚乙烯（PE）管管径为 $\phi100～\phi500$

C. 钢骨架聚乙烯（PE）管常采用法兰或电熔连接方式，主要用于市政和化工管网

D. 涂塑钢管管径为$\phi15\sim\phi100$

81. 下列关于防腐材料的叙述，不正确的有（　　）。

A. 底漆的颜料较多，可以打磨，漆料对物体表面具有较强的附着力

B. 涂料大体上可分为两大部分，即主要成膜物质和辅助成膜物质

C. 底漆不但能增强涂层与金属表面的附着力，也起到一定的防腐蚀作用

D. 防锈漆一般分为钢铁表面防锈漆和有色金属表面防锈漆两种

82. 焊条可按用途和熔渣特性进行分类，（　　）是按焊条药皮熔化后的熔渣特性分类的。

A. 碱性焊条

B. 铜及铜合金焊条

C. 低温钢焊条

D. 镍及镍合金焊条

83. 下面有关埋弧焊焊接材料的说法，错误的是（　　）。

A. 埋弧焊普遍使用的是实心焊丝，有特殊要求时使用药芯焊丝

B. 埋弧焊由焊丝和焊剂两部分组成，是利用电弧作为热源的焊接方法

C. 埋弧焊焊丝一般由电动机驱动的送丝滚轮送进，焊丝只能是单丝或双丝

D. 埋弧焊所用焊丝有实心焊丝与药芯焊丝两种

84. 埋弧焊焊剂可按用途和制造方法分类，选项（　　）不是按制造方法进行分类的。

A. 钢用焊剂

B. 陶质焊剂

C. 烧结焊剂

D. 熔炼焊剂

85. 埋弧焊焊剂可按用途和按制造方法分类，（　　）是按用途分类的。

A. 烧结焊剂

B. 陶质焊剂

C. 非铁金属用焊剂

D. 熔炼焊剂

86. 以下关于玻璃钢的特点，不正确的是（　　）。

A. 机械强度低

B. 质轻而硬

C. 耐腐蚀、不导电

D. 回收利用少

87. 压弯头采用锻造工艺制成，其选用材料除优质碳素钢外，还可选用（　　）。

A. 低合金钢

B. 中合金钢

C. 优质合金钢

D. 高合金钢

88. 为了使连接既有安装拆卸的灵活性，又有可靠的密封性，管道与阀门、管道与管道、管道与设备的连接常采用(　　)。

　　A. 螺纹连接

　　B. 法兰连接

　　C. 热熔焊接

　　D. 承插连接

89. 下列不属于法兰种类的是(　　)。

　　A. 对焊法兰

　　B. 螺纹法兰

　　C. 滑动法兰

　　D. 松套法兰

90. 螺纹连接管件分为镀锌和不镀锌两种，一般均采用(　　)制造。

　　A. 灰口铸铁

　　B. 白口铸铁

　　C. 可锻铸铁

　　D. 球墨铸铁

91. 阀门的种类很多，按其动作特点分为两大类，即驱动阀门和自动阀门。下列属于驱动阀门的是(　　)。

　　A. 浮球阀

　　B. 安全阀

　　C. 节流阀

　　D. 减压阀

92. 工程上管道与阀门的公称压力按 GB 50235—2010 标准划分为(　　)。

　　A. 低压 $0<P\leqslant0.6$MPa；中压 0.6MPa$<P\leqslant10$MPa；高压 $P>10$MPa

　　B. 低压 $0<P\leqslant1.6$MPa；中压 1.6MPa$<P\leqslant10$MPa；高压 $P>10$MPa

　　C. 低压 $0<P\leqslant2.6$MPa；中压 2.6MPa$<P\leqslant10$MPa；高压 $P>10$MPa

　　D. 低压 $0<P\leqslant3.6$MPa；中压 3.6MPa$<P\leqslant10$MPa；高压 $P>10$MPa

93. 结构简单、体积小、质重轻，且适合安装在大口径管道上，在石化、煤气、水处理及热电站的冷水系统中广泛应用的阀门为(　　)。

　　A. 截止阀

　　B. 闸阀

　　C. 蝶阀

　　D. 节流阀

94. 按工程中管道与阀门的公称压力划分，说法错误的是(　　)。

　　A. $0<P\leqslant1.60$MPa 为低压

　　B. 1.60MPa$<P\leqslant10.00$MPa 为中压

　　C. 10.00MPa$<P\leqslant40.00$MPa 为高压

　　D. 10.00MPa$<P\leqslant42.00$MPa 为高压

95. 按工程中管道与阀门的公称压力划分，下列情况属于高压的是(　　)。

A. $0<P\leqslant1.60$MPa

B. 1.60MPa$<P\leqslant10.00$MPa

C. 10.00MPa$<P\leqslant42.00$MPa

D. $P\geqslant9.00$MPa

96. 关于蝶阀结构和使用特点的描述，说法错误的是（　　）。

A. 质量轻

B. 体积大

C. 结构简单

D. 操作简单

97. （　　）又名单流阀或逆止阀。

A. 电磁阀

B. 节流阀

C. 止回阀

D. 截止阀

98. 下列四种阀门，可用于调节流量的阀门是（　　）。

A. 截止阀

B. 闸阀

C. 考克阀

D. 蝶阀

99. 安全阀的主要性能参数是（　　）。

A. 大小

B. 公称压力

C. 排泄量

D. 开启高度

100. 节流阀用于取样时公称直径较小，一般为（　　）。

A. 30mm 以下

B. 25mm 以下

C. 20mm 以下

D. 15mm 以下

101. 考克阀指的是（　　）。

A. 针型阀

B. 减压阀

C. 旋塞阀

D. 疏水阀

102. 按工程中管道与阀门的公称压力划分，下列情况属于中压的是（　　）。

A. $0<P\leqslant1.60$MPa

B. 1.60MPa$<P\leqslant10.00$MPa

C. 10.00MPa$<P\leqslant42.00$MPa

D. 蒸汽管道 $P\geqslant9.00$MPa

103. 不仅在石油、煤气、化工、水处理等一般工业上得到广泛应用，而且还应用于电站冷却水系统的大口径阀门类型为(　　)。

  A. 蝶阀

  B. 截止阀

  C. 闸阀

  D. 旋塞阀

104. 启闭件为阀瓣，阻止介质逆流的是(　　)。

  A. 节流阀

  B. 止回阀

  C. 球阀

  D. 闸阀

105. 某管道阀门可用于取样，公称直径小，一般在 25.00mm 以下，不适用于黏度大和含有固体悬浮物颗粒的介质，该阀门为(　　)。

  A. 球阀

  B. 蝶阀

  C. 旋塞阀

  D. 节流阀

106. 以下不属于常用的减压阀的是(　　)。

  A. 活塞式

  B. 电动式

  C. 薄膜式

  D. 波纹管式

107. 疏水阀又称疏水器，其作用在于(　　)，属于自动作用阀门。

  A. 排气

  B. 阻气排水

  C. 阻水排气

  D. 排气排水

108. 疏水阀的作用在于阻气排水，属于自动作用阀门，其种类不包括(　　)。

  A. 开放式

  B. 恒温式

  C. 脉冲式

  D. 浮桶式

109. 绝缘电线一般由导线的导电线芯、(　　)和保护层组成。

  A. 绝缘层

  B. 保温层

  C. 防潮层

  D. 加强层

110. 绝缘导线按工作类型分类不包括(　　)。

  A. 普通型

B. 绝缘型

C. 屏蔽型

D. 防火阻燃型

111. 下列属于按制造材料分类的桥架是(　　　)。

A. 托盘式桥架

B. 铝合金桥架

C. 梯级式桥架

D. 组合式桥架

112. 双绞线可分为屏蔽双绞线和(　　　)。

A. 单模双绞线

B. 同轴双绞线

C. 多模双绞线

D. 非屏蔽双绞线

113. (　　　)是系统中各种连接硬件的统称,包括连接器、连接模块、配线架、管理器等。

A. 传输介质

B. 双绞线

C. 接续设备

D. 同轴电缆

114. 电力电缆由导电线芯、绝缘层和(　　　)三个重要部分组成。

A. 油浸纸

B. 橡皮

C. 保护层

D. 铜或铝芯

115. 绝缘导线按工作类型分类不包括(　　　)。

A. 屏蔽型

B. 补偿型

C. 耐热型

D. 普通型

116. 以下属于按结构形式分类的桥架是(　　　)。

A. 钢制桥架

B. 槽式桥架

C. 铝合金桥架

D. 玻璃钢阻燃桥架

117. 铝合金板的特性中,选项(　　　)是错误的。

A. 延展性能好

B. 耐腐蚀

C. 传热性能较差

D. 在摩擦时不易产生火花

118. 下面关于塑料复合钢板的说法,错误的有(　　)。

A. 塑料复合钢板是在普通薄钢板表面喷涂一层 0.2～0.5mm 厚的塑料层的钢板

B. 塑料复合钢板是在普通薄钢板表面喷涂一层 0.2～0.4mm 厚的塑料层的钢板

C. 塑料层具有较好的耐腐蚀性和装饰性能

D. 塑料复合钢板在建筑工程中应用广泛

119. 无缝钢管是用一定尺寸的钢坯经过穿孔机、热轧或冷拔等工序制成的中空而横截面封闭的无焊接缝的钢管。所以无缝钢管比焊缝钢管有较高的强度,一般能承受(　　)的压力。

A. 3.2～5.0MPa

B. 3.2～6.0MPa

C. 3.2～7.0MPa

D. 3.2～9.0MPa

120. 下列关于钢管的说法,正确的有(　　)。

A. 冷轧无缝钢管通常长度为 3.0～12.0m

B. 热轧无缝钢管通常长度为 3.0～15.0m

C. 无缝钢管可以用普通碳素钢、普通低合金钢、优质碳素结构钢、优质合金钢和不锈钢制成

D. 通常压力在 0.8MPa 以上的管路都应采用无缝钢管

121. 焊接钢管按焊缝的形状可分为直缝钢管、螺纹缝钢管和(　　)。

A. 加厚管

B. 双层卷焊钢管

C. 煤气输送钢管

D. 薄壁管

122. 以下几个选项的表述,错误的是(　　)。

A. 直径 5.0～180mm 的直缝电焊钢管的主要用途是制作各种结构零件(如变压器管)和输送液体的管道

B. 电线套管用易焊接的软钢制造,是保护电线用的薄壁焊接钢管

C. 直缝电焊钢管主要用于输送水、暖气和煤气等低压流体和制作结构零件等

D. 焊接钢管按焊缝的形状可分为直缝钢管、螺纹缝钢管和双层卷焊钢管

123. 下列有关铸铁管的说法,错误的是(　　)。

A. 排水承插铸铁管适用于污水的排放,一般都是自流式,不承受压力

B. 铸铁管的连接常用承插式和法兰式

C. 铸铁管经久耐用、抗腐蚀性强、较硬

D. 双盘法兰铸铁管的特点是装拆方便,工业上常用于输送硫酸和碱类等介质

124. 同时具有控制、调节两种功能的风阀是(　　)。

A. 止回阀

B. 排烟阀

C. 插板阀

D. 防火阀

125. 通风工程中通风机的分类方法很多，按风机的作用原理可分为三类，不包括（　　）。
    A. 离心式通风机
    B. 一般用途通风机
    C. 轴流式通风机
    D. 贯流式通风机

126. 只具有控制功能的风阀是（　　）。
    A. 插板阀
    B. 防火阀
    C. 菱形多叶调节阀
    D. 蝶式调节阀

127. 按照工作原理的不同，局部排风罩可分为（　　）。
    A. 柜式排风罩
    B. 接受式排风罩
    C. 大容积密闭罩
    D. 吹吸式排风罩

128. ［2019年陕西］高压电器中常用的六氟化硫属于（　　）绝缘材料。
    A. 气体
    B. 液体
    C. 固体
    D. 流体

二、多项选择题（每题的备选项中，有2个或2个以上符合题意，至少有1个错项）

1. 药皮在焊接过程中起着极为重要的作用，其主要表现有（　　）。
    A. 避免焊缝中形成夹渣、裂纹、气孔，确保焊缝的力学性能
    B. 弥补焊接过程中合金元素的烧损，提高焊缝的力学性能
    C. 药皮中加入适量氧化剂，避免氧化物还原，以保证焊接质量
    D. 改善焊接工艺性能，稳定电弧，减少飞溅，易脱渣
    E. 药皮受电弧高温作用而分解释放出氧，使液态金属中的合金元素烧毁，保证焊缝质量

2. 螺纹连接管件主要用于（　　）上。
    A. 供暖管道
    B. 给水排水管道
    C. 煤气管道
    D. 高压管道
    E. 消防管道

3. 冲压无缝弯头在特制的模具内压制成型，所用材料是（　　）。
    A. 普通碳素钢无缝管
    B. 优质碳素钢无缝管
    C. 不锈耐酸钢无缝管

    D. 低合金钢无缝管

    E. 焊接无缝管

4. 绝热材料按照使用温度限度可分为(　　　)材料。

    A. 不燃烧

    B. 低温用

    C. 中温用

    D. 高温用

    E. 耐高温

5. 闸阀与截止阀相比,其特点有(　　　)。

    A. 水流阻力小

    B. 严密性好

    C. 无安装方向

    D. 用于调节流量

    E. 宜单侧受压

6. 关于环氧树脂的性能,说法正确的有(　　　)。

    A. 良好的耐磨性,但耐碱性差

    B. 涂膜有良好的弹性与硬度,但收缩率较大

    C. 若加入适量呋喃树脂,可提高使用温度

    D. 热固型比冷固型更耐温且耐腐蚀性能更好

    E. 冷固型比热固型更耐温且耐腐蚀性能更好

7. 电力电缆和控制电缆的区别为(　　　)。

    A. 电力电缆一般线径较粗,而控制电缆一般不超过 $12mm^2$

    B. 电力电缆有铠装和非铠装,而控制电缆一般是屏蔽层

    C. 电力电缆只有铜芯,而控制电缆有铜芯和铝芯

    D. 电力电缆芯数少,而控制电缆一般较多

    E. 电力电缆绝缘层薄,而控制电缆绝缘层厚

8. 型钢按其断面形状分为(　　　)。

    A. 圆钢

    B. 工字钢

    C. 角钢

    D. 五角钢

    E. 槽钢

9. 常用的隔热材料有(　　　)。

    A. 硅藻土

    B. 蛭石

    C. 玻璃钢

    D. 橡胶制品

    E. 玻璃纤维

10. 综合布线电缆使用的传输媒体有(　　　)。

A. 钢芯铝绞线

B. 屏蔽双绞线

C. 非屏蔽双绞线

D. 大对数铜缆

E. 铜芯聚氯乙烯绝缘线

11. 桥架按结构形式分为（　　）。

A. 矩形式

B. 槽式

C. 梯级式

D. 托盘式

E. 组合式

12. 关于绝热材料，下列说法错误的是（　　）。

A. 绝热材料一般是轻质、疏松、多孔的纤维状材料

B. 热力设备及管道保温用的材料多为无机绝热材料

C. 硅藻土属于绝热材料

D. 按照绝热材料使用温度，可分为高温和低温绝热材料

E. 低温绝热材料使用温度在100℃以上的保冷工程中

13. 绝缘导线按工作类型可分为（　　）。

A. 补偿型

B. 普通型

C. 防火阻燃型

D. 特殊型

E. 屏蔽型

14. 关于电力电缆，下列说法正确的是（　　）。

A. 广泛用于电力系统、工矿企业、高层建筑及各行各业中

B. 在实际建筑工程中，一般优先选用交联聚乙烯电缆

C. 当电缆水平高差较大时，不宜使用黏性油浸纸绝缘电缆

D. 工程中直埋电缆宜选用铠装电缆

E. 聚氯乙烯绝缘护套电力电缆长期工作温度不超过50℃

15. 塑料管的优点是（　　）。

A. 耐高温

B. 质量轻

C. 耐腐蚀

D. 加工容易

E. 刚性大

16. 下列绝热材料可以用于保冷工程的是（　　）。

A. 聚苯乙烯泡沫塑料

B. 泡沫混凝土

C. 玻璃纤维

    D. 牛毛毡

    E. 石棉

17. 下列关于旋塞阀使用环境说法正确的是(　　　)。

    A. 可以用于高温输送管路上

    B. 一般用于低压管道上

    C. 可以用作热水龙头

    D. 不适合用于温度较低的管道上

    E. 可以用于输送高压介质（如蒸汽）

18. 综合布线系统使用的传输媒体有(　　　)。

    A. 大对数铜缆

    B. 大对数铝缆

    C. 非屏蔽双绞线

    D. 屏蔽双绞线

    E. 阻燃控制电缆

19. 腐蚀（酸）非金属材料的主要成分是金属氧化物、氧化硅和硅酸盐等。下列选项中属于耐腐蚀（酸）非金属材料的是(　　　)。

    A. 铸石

    B. 石墨

    C. 玻璃钢

    D. 普通陶瓷

    E. 混凝土

答案与解析

一、单项选择题

1. A；　2. D；　3. C；　4. C；　5. C；　6. D；　7. C；　8. A；　9. C；　10. C；
11. C；　12. D；　13. D；　14. D；　15. A；　16. A；　17. A；　18. D；　19. D；　20. D；
21. D；　22. D；　23. C；　24. D；　25. D；　26. A；　27. C；　28. A；　29. D；　30. B；
31. B；　32. A；　33. C；　34. D；　35. D；　36. D；　37. B；　38. D；　39. B；　40. B；
41. A；　42. D；　43. D；　44. D；　45. B；　46. D；　47. A；　48. A；　49. D；　50. A；
51. C；　52. A；　53. D；　54. C；　55. C；　56. A；　57. D；　58. A；　59. A；　60. C；
61. B；　62. A；　63. D；　64. D；　65. D；　66. D；　67. D；　68. B；　69. B；　70. A；
71. C；　72. B；　73. A；　74. D；　75. D；　76. D；　77. D；　78. D；　79. C；　80. B；
81. B；　82. A；　83. C；　84. A；　85. C；　86. A；　87. A；　88. B；　89. C；　90. C；
91. C；　92. B；　93. C；　94. C；　95. C；　96. B；　97. C；　98. A；　99. C；　100. B；
101. C；　102. B；　103. A；　104. B；　105. D；　106. B；　107. B；　108. A；　109. A；　110. B；
111. B；　112. D；　113. C；　114. C；　115. C；　116. B；　117. C；　118. A；　119. C；　120. C；
121. B；　122. A；　123. C；　124. C；　125. B；　126. B；　127. C；　128. C

二、多项选择题

1. ABD；　2. ABC；　3. BCD；　4. BCD；　5. AC；　　6. CD；　　7. BD；　　8. ABCE；
9. ABE；　10. BCD；　11. BCDE；　12. DE；　13. ABCE；14. ABC；　15. BCD；　16. AD；
17. BC；　18. ACD；　19. ABC

单选解析

多选解析

第3节　安装工程主要施工的基本程序、工艺流程及施工方法

复习要点

1. 电气照明及动力设备工程

（1）母线施工工艺流程及施工方法

① 裸母线材质和规格必须符合施工图纸的要求；

② 合格证和技术文件应齐全，防火型母线槽应有防火等级和燃烧报告；

③ 螺母线与设备连接或分支连接时，应用螺栓搭接，以便检修和拆换。螺栓搭接的接触面应保持清洁，并涂以电力复合脂，当螺母线额定电流大于2000A时，应用铜质螺栓连接；

④ 三相交流裸母线的涂色为：A相-黄色、B相-绿色、C相-红色。

（2）电力电缆施工工艺流程及施工方法

① 桥架水平敷设时距地高度一般不宜低于2.5m，垂直敷设时距地面1.8m以下部分应加金属盖板保护，但敷设在电器专用房间（如配电室、电器竖井）内时除外。

② 电缆桥架多层敷设时，其层间距离一般为：控制电缆间不应小于200mm，电力电缆间不应小于300mm。

③ 电力电缆在桥架内敷设时，电力电缆的总截面面积不应大于桥架横断面面积的60%，控制电缆不应大于75%。

④ 电缆桥架不宜敷设在腐蚀性气体管道和热力管道的上方及腐蚀性液体管道的下方，否则应采用防腐、隔热措施。

⑤ 电缆桥架在穿过防火墙及防火楼板时，应采取防火隔离措施。

⑥ 电力电缆和控制电缆不应配置在同一层支架上。

⑦ 交流单芯电力电缆应布置在同侧支架上，当正三角形排列时，应每隔1m用绑带扎牢。

2. 通风空调工程

（1）通风空调工程深化设计

① 确定管线排布。在有限空间内合理安排位置和标高。

② 优化方案。一方面可通过通风空调工程深化综合管线排布，另一方面可优化机电管线的施工工序。

③ BIM 技术的应用。BIM 技术的发展为解决通风空调管道的深化综合排布提供了很好的技术手段和方法。

（2）通风与空调系统调试

通风与空调工程安装完毕后，必须进行系统的测定和调整（简称调试）。系统调试包括：设备单机试运转及调试，系统无生产负荷的联合试运转及调试。

（3）通风与空调工程竣工验收

① 施工单位通过无生产负荷的系统运转与调试及观感质量检查合格后，将工程移交建设单位，由建设单位负责组织施工、设计、监理等单位共同参与验收，合格后办理工程验收手续。

② 竣工验收资料包括：图纸会审记录、设计变更通知书和竣工图；主要材料、设备成品、半成品和仪表的出厂合格证明及试验报告；隐蔽工程、工程设备、风管系统、管道系统安装试验及检验记录、设备单机试运转、系统无生产负荷联合试运转与调试、分部（子分部）工程质量验收、观感质量综合检查、安全和功能检验资料核查等记录。

③ 观感质量检查包括：风管和风口的表面及位置；各类调节装置制作和安装；设备安装；制冷及水管系统的管道、阀门及仪表安装；支、吊架形式、位置及间距；油漆层和绝热层的材质、厚度、附着力等。

3. 消防工程

（1）火灾自动报警及消防联动设备工艺流程及施工方法

① 火灾自动报警线应穿入金属管内或金属线槽中，严禁与动力、照明、交流线、视频线或广播线等穿入同一线管内。

② 消防广播线应单独穿管敷设，不能与其他弱电线共管，线路不宜过长，导线不能过细。

③ 从接线盒等处引到探测器底座、控制设备、扬声器的线路，当采用金属软管保护时，其长度不应大于 2m。

④ 火灾探测器至墙壁、梁边的水平距离不应小于 0.5m；探测器周围 0.5m 内不应有遮挡物；探测器至空调送风口边的水平距离不应小于 1.5m；至多孔送风口的水平距离不应小于 0.5m。

⑤ 在宽度小于 3m 的内走道顶棚上设置探测器时，宜居中布置。感温探测器的安装间距不应超过 10m；感烟探测器的安装间距不应超过 15m。

⑥ 探测器宜水平安装，当必须倾斜安装时，倾斜角不应大于 45°。探测器的确认灯应面向便于人员观察的主要入口方向。

⑦ 探测器的底座应固定牢靠，其导线必须可靠压接或焊接。当采用焊接时，不得使用腐蚀性的助焊剂。探测器的"+"线为红色线，"-"线应为蓝色线，其余的线应根据不同用途采用其他颜色区分。同一工程中相同用途的导线颜色应一致。

⑧ 缆式线型感温火灾探测器在电缆桥架、变压器等设备上安装时，宜采用接触式布置。

⑨ 可燃气体探测器安装时，安装位置应根据探测气体密度确定。

⑩ 手动火灾报警按钮应安装在明显且便于操作的部位。当安装在墙上时，其底边距地（楼）面高度宜为 1.3～1.5m。

⑪ 同一报警区域内的模块宜集中安装在金属箱内。模块（或金属箱）应独立支撑或固定，应安装牢固，并应采取防潮、防腐蚀等措施。

⑫ 火灾报警控制器、消防联动控制器等设备在墙上安装时，其底边距地高度宜为 1.3～1.5m，其靠近门轴的侧面距墙不应小于 0.5m，正面操作距离不应小于 1.2m；落地安装时，其底边宜高出地（楼）面 0.1～0.2m。

⑬ 消防广播扬声器和警报装置宜在报警区域内均匀安装。

⑭ 火灾自动报警系统的调试应在建筑内部装修和系统施工结束后进行。

⑮ 火灾自动报警系统调试时，应先逐个对探测器、区域报警控制器、集中报警控制器、火灾报警装置和消防控制设备等进行单机检测，正常后方可进行系统调试。

（2）消火栓系统工艺流程及施工方法

① 管径小于或等于 100mm 的镀锌钢管应采用螺纹连接，套丝扣时破坏的镀锌层表面及外露螺纹部分应做防腐处理；管径大于 100mm 的镀锌钢管应采用法兰或卡套式专用管件连接，镀锌钢管与法兰的焊接处应二次镀锌。

② 消火栓安装时栓口朝外，并不应安装在门轴侧。

③ 消防水泵接合器和消火栓的位置标志应明显，栓口的位置应便于操作。当接合器和室外消火栓采用墙壁式时，如设计未要求，进、出水栓口的中心安装为 1.10m，其上方应设有防坠落物打击的措施。

④ 系统安装完毕后必须进行水压试验，试验压力为工作压力的 1～5 倍，但不得小于 0.6MPa。如系统在试验压力下 10min 内压力降不大于 0.05MPa，则降至工作压力进行检查，如压力保持不变，不渗不漏，则水压试验合格。

4. 给水排水、供暖及燃气工程

（1）管道安装

① 管道安装一般应本着先主管后支管、先上部后下部、先里后外的原则进行安装。不同材质的管道应先安装钢质管道，后安装塑料管道，当管道穿过地下室侧墙时，应在室内管道安装结束后再进行安装，安装过程应注意成品保护。干管安装的连接方式有螺纹连接、承插连接、法兰连接、粘接、焊接、热熔连接等。

② 冷热水管道上下平行安装时，热水管道应在冷水管道上方，垂直安装时，热水管道在冷水管道左侧。排水管道应严格控制坡度和坡向，当设计未注明安装坡度时，应按相应施工规范执行。室内生活污水管道应按铸铁管、塑料管等不同材质及管径设置排水坡度，铸铁管的坡度应高于塑料管的坡度。室外排水管道的坡度必须符合设计要求，严禁无坡或倒坡。

③ 给水引入管与排水排出管的水平净距不得小于 1m。室内给水与排水管道平行敷设时，两管间的最小水平净距不得小于 0.5m；交叉铺设时，垂直净距不得小于 0.15m。给水管应铺在排水管上面，若给水管必须铺在排水管下方，则给水管应加套管，其长度不得小于排水管管径的 3 倍。

④ 埋地管道、吊顶内的管道等在安装结束、隐蔽之前应进行隐蔽工程的验收，并做好记录。

（2）系统试验

建筑管道工程应进行的试验包括：承压管道和设备系统压力试验，非承压管道和设备系统灌水试验，排水干管通球、通水试验，消火栓系统试射试验等。

一、单项选择题 （每题的备选项中，只有1个最符合题意）

1. 火灾探测器的一定范围内不应有遮挡物，如书架、文件柜等。探测器距墙壁、梁边或防烟通道垂壁的净距不应小于（　　　）。

　　A. 0.2m

　　B. 0.3m

　　C. 0.5m

　　D. 1.5m

2. 某 DN100 的输送常温液体的管道，在安装完毕后应做的后续辅助工作为（　　　）。

　　A. 气压试验，蒸汽吹扫

　　B. 气压试验，压缩空气吹扫

　　C. 水压试验，系统清洗

　　D. 水压试验，压缩空气吹扫

3. 关于电力电缆施工，桥架水平敷设时距地高度一般不宜低于（　　　）m。

　　A. 1

　　B. 2.5

　　C. 2

　　D. 2.2

4. 关于电力电缆施工工艺流程及施工方法，下列说法错误的是（　　　）。

　　A. 电缆桥架在穿过防火墙及防火楼板时，应采取防火隔离措施

　　B. 桥架水平敷设时距地高度一般不宜低于 2.0m

　　C. 电力电缆在桥架内敷设时，电力电缆的总截面面积不应大于桥架横断面面积的 60%

　　D. 电缆桥架不宜敷设在腐蚀性气体管道和热力管道的上方

5. 关于插座安装施工工艺流程及施工方法，下列说法错误的是（　　　）。

　　A. 插座距地面高度一般为 0.3m

　　B. 一个房间内的插座宜由同一回路配电

　　C. 同一场所的三相插座，其接线的相位必须一致

　　D. 在潮湿场所，应采用密封良好的防水、防溅插座，安装高度不应低于 1.8m

6. 插座安装一般距地面高度为 0.3m，托儿所、幼儿园、住宅及小学的（　　　）。

　　A. 不应低于 1m

　　B. 不应高于 1m

　　C. 不应低于 1.8m

　　D. 不应高于 1.8m

7. 通风与空调系统联合试运转及调试由（　　　）负责组织实施，不具备系统调试能力的，可委托具有相应能力的单位实施。

A. 施工单位

B. 建设单位

C. 设计单位

D. 监理单位

8. 关于火灾自动报警及消防联动设备的工艺流程及施工方法，下列说法错误的是(　　)。

A. 火灾自动报警线应穿入金属管内或金属线槽中，严禁与动力、照明、交流线、视频线或广播线等穿入同一线管内

B. 在宽度小于3m的内走道顶棚上设置探测器时，宜居中布置

C. 可燃气体探测器安装时，安装位置应根据探测气体密度确定

D. 控制器的主电源应直接与消防电源连接，宜使用电源插头

9. 阀门应按规范要求进行强度和严密性试验，试验应在每批数量中抽查(　　)，且不少于一个。

A. 5%

B. 10%

C. 15%

D. 20%

10. 在管道安装过程中，若给水管必须铺在排水管下方，则给水管应加套管，其长度不得小于排水管管径的(　　)倍。

A. 5

B. 2

C. 3

D. 10

11. 关于管道安装的原则，下列说法正确的是(　　)。

A. 管道安装一般应先主管后支管，先下部后上部

B. 冷热水管道上垂直安装时热水管道在冷水管道右侧

C. 给水引入管与排水排出管的水平净距不得小于1m

D. 室内生活污水管道排水坡度，塑料管的坡度应高于铸铁管的坡度

12. 排水系统安装完毕后，排水管道、雨水管道应(　　)进行通水试验，以流水通畅、不渗不漏为合格。

A. 系统

B. 分系统

C. 整体

D. 单体

13. 防雷接地系统中的户外接地母线大部分采用扁钢埋地敷设，其连接应采用的焊接方式为(　　)。

A. 端接焊

B. 对接焊

C. 角接焊

D. 搭接焊

14. 接地系统中,户外接地母线大部分采用埋地敷设,其连接采用搭接焊,搭接长度要求为( )。

A. 圆钢为直径的 6 倍

B. 扁钢为厚度的 2 倍

C. 扁钢为厚度的 6 倍

D. 圆钢为厚度的 2 倍

15. 根据管道工程系统安装的通用工艺流程,首先要进行的工作是( )。

A. 预制加工

B. 安装准备

C. 定位放线

D. 干管安装

16. 室内给水管道试验压力为工作压力的 1.5 倍,但是不得小于( )MPa。

A. 0.6

B. 0.5

C. 1.6

D. 1.5

17. 人工垂直接地体的长度宜为( )。

A. 0.5m

B. 1m

C. 2.5m

D. 5m

18. 为了保证人身安全,防止触电事故,电器设备正常运行时不带电的金属外壳及构架的接地应为( )。

A. 工作接地

B. 保护接零

C. 保护接地

D. 重复接地

19. 穿管配线时,管内导线的截面积总和不应超过管子截面积的( )。

A. 40%

B. 50%

C. 60%

D. 70%

20. 室内给水管道工作压力为 0.3MPa,水压试验压力为( )。

A. 0.30MPa

B. 0.45MPa

C. 0.60MPa

D. 0.75MPa

21. 避雷针与引下线之间的连接应采用( )。

A. 焊接

B. 搭接

C. 套筒连接

D. 绑扎连接

22. 下列关于建筑防雷工程说法错误的是（　　）。

A. 建筑物上的避雷针应和建筑物的防雷金属网连接成一个整体

B. 建筑物屋顶上的金属导体必须与避雷带连接成一体

C. 第一类防雷建筑的引下线间距不应大于 12m

D. 第一类防雷建筑的屋顶避雷网格间距应不大于 10m×10m

23. 在宽度小于 3m 的内走道顶棚上设置探测器时，宜（　　）布置。

A. 靠上

B. 对称

C. 居中

D. 靠下

24. 关于消防工程施工方法，下列说法错误的是（　　）。

A. 消防广播线应单独穿管敷设，不能与其他弱电线共管

B. 同一报警区域内的模块宜集中安装在金属箱内

C. 控制器的主电源应直接与消防电源连接，严禁使用电源插头

D. 探测器宜水平安装，当必须倾斜安装时，倾斜角不应大于 90°

25. 消防广播扬声器和警报装置宜在报警区域内均匀安装。警报装置应安装在安全出口附近明显处，距地面（　　）以上。

A. 1.5m

B. 1.6m

C. 1.7m

D. 1.8m

26. 选择阀的安装高度超过（　　）时应采取便于操作的措施。选择阀的流向指示箭头应指向介质流动方向。

A. 1.7m

B. 1.8m

C. 1.9m

D. 2.0m

27. 三相交流裸母线 A 相的颜色为（　　）。

A. 绿色

B. 黄色

C. 白色

D. 蓝色

28. 非电器专业房间桥架敷设正确的是（　　）。

A. 水平敷设时距地高度一般不宜低于 2.5m

B. 垂直敷设时距地面 2.5m 以下部分应加金属盖板保护

C. 水平敷设时距地高度一般不宜低于 1.8m

D. 垂直敷设时距地面 2m 以下部分应加金属盖板保护

29. 均压环可利用圈梁的( )条水平主筋（直径大于或等于 12mm）。

A. 1

B. 2

C. 3

D. 4

30. 应与设备和阀部件供应商及时沟通确定的内容不包括( )。

A. 接口形式

B. 大小

C. 尺寸

D. 连接部的做法

31. 进入施工现场的主要材料的验收方不包括( )。

A. 建设单位

B. 监理单位

C. 施工单位

D. 供货商

32. 通风空调工程深化设计不包括( )。

A. 节省材料

B. 确定管线排布

C. 优化方案

D. BIM 技术应用

33. 下列说法正确的是( )。

A. 空调冷热水、冷却水总流量测试结果与设计流量的偏差不应大于 15％

B. 各空调机组盘管水流量经调整后与设计流量的偏差不应大于 20％

C. 空调冷热水、冷却水总流量测试结果与设计流量的偏差不应大于 20％

D. 各空调机组盘管水流量经调整后与设计流量的偏差不应大于 15％

34. 关于通风与空调工程竣工验收，下列属于竣工验收中竣工验收资料的是( )。

A. 设备安装

B. 办理竣工手续

C. 观感质量综合检查

D. 无生产负荷的系统运转

35. 火灾报警控制器安装其底边距离楼地面高度宜为( )。

A. 1.1～1.5m

B. 1.5～1.8m

C. 1.3～1.8m

D. 1.3～1.5m

36. 消火栓管径小于等于 100mm 的镀锌钢管应用( )方式连接。

A. 承插

B. 螺纹

C. 焊接

D. 法兰

37. 消火栓系统安装完毕后水压试验压力应为工作压力的( )倍。

    A. 1～5

    B. 3～5

    C. 5～8

    D. 5～10

38. 消防气压罐的( )应满足设计要求。

    A. 体积

    B. 水压

    C. 水位

    D. 试验压力

39. 下列说法错误的是( )。

    A. 喷头安装应在系统试压、冲洗合格后进行

    B. 安装时不得对喷头进行拆装、改动

    C. 喷头安装时应使用扳手

    D. 严禁利用喷头的框架施拧

40. 防火阀直径或长边尺寸大于或者等于( )mm 时宜设置独立吊架。

    A. 600

    B. 610

    C. 620

    D. 630

41. 建筑管道工程一般施工程序中，管道支架制作安装的下部工序为( )。

    A. 系统检验

    B. 防腐绝热

    C. 管道加工预制

    D. 管道安装

42. 给水排水阀门严密性检测抽查数量为( )。

    A. 8%

    B. 9%

    C. 10%

    D. 15%

43. 下列关于给水排水工程说法错误的是( )。

    A. 给水引入管与排水排出管的水平净距不得小于1m

    B. 室内给水与排水管道平行敷设时，两管间的最小水平净距不得小于1m

    C. 交叉铺设时，垂直净距不得小于0.15m

    D. 给水管应加套管，其长度不得小于排水管管径的3倍

44. 给水排水系统试验中不包括的是( )。

    A. 承压管道压力试验

B. 排水支管通球试验

C. 通水试验

D. 消火栓系统试射试验

45. 塑料给水系统应在试验压力下稳压( )h。

A. 0.15

B. 0.3

C. 1

D. 1.15

46. 在室内排水系统的排出管施工中,隐蔽前必须做( )。

A. 水压试验

B. 气压试验

C. 渗漏试验

D. 灌水试验

47. 属于面型探测器的有( )。

A. 声控探测器

B. 平行线电场畸变探测器

C. 超声波探测器

D. 微波入侵探测器

48. 安装在消防系统管网或分区管网的末端,检验系统启动、报警及联动等功能的装置为( )。

A. 控制器

B. 水流指示器

C. 消火栓

D. 末端试水装置

49. 热效率高、熔深大、焊接速度快、机械化操作程度高,因而适用于中厚板结构平焊位置长焊缝的焊接,其焊接方法为( )。

A. 埋弧焊

B. 钨极惰性气体保护焊

C. 熔化极气体保护焊

D. CO_2 气体保护焊

50. 为了保证人身安全,防止触电事故,电器设备正常运行时不带电的金属外壳及构架的接地应为( )。

A. 工作接地

B. 保护接零

C. 保护接地

D. 重复接地

51. 某有色金属管的设计压力为 0.5MPa,其气压试验的压力应为( )MPa。

A. 0.575

B. 0.6

C. 0.625

D. 0.75

52. 在流量检测工程中，对流通通道内没有设置任何阻碍体的流量检测仪表的有（　　）。

A. 涡轮流量计

B. 电磁流量计

C. 流体振动流量计

D. 均速管流量计

53. 管道系统进行液压试验时，对于承受内压的埋地铸铁管道，当设计压力为 0.60MPa 时，其试验压力应为（　　）。

A. 0.75MPa

B. 0.90MPa

C. 1.10MPa

D. 1.20MPa

54. 测量范围极大，远远大于酒精、水银温度计，适用于炼钢炉、炼焦炉等高温地区，也可测量液态氢、液态氮等低温物体的温度检测仪表是（　　）。

A. 热电偶温度计

B. 热电阻温度计

C. 辐射温度计

D. 一体化温度变送器

55. 在安装工程常用的机械化吊装设备中，履带起重机的工作特点有（　　）。

A. 稳定性较好

B. 不能全回转作业

C. 不适用于崎岖不平的场地

D. 转移时多用平板拖车装运

56. 具有防水、防腐蚀、隔爆、耐振动、直观、易读数、无汞害、坚固耐用等特点的温度测量仪表是（　　）。

A. 压力式温度计

B. 双金属温度计

C. 玻璃液位温度计

D. 热电偶温度计

57. 下列关于建筑防雷工程，说法错误的是（　　）。

A. 建筑物上的避雷针应和建筑物的防雷金属网连接成一个整体

B. 建筑物屋顶上的金属导体必须与避雷带连接成一体

C. 一类防雷建筑的引下线间距不应大于 12m

D. 一类防雷建筑的屋顶避雷网格间距应不大于 10m×10m

58. 在宽度小于 3m 的内走道顶棚上设置探测器时，宜（　　）布置。

A. 靠上

B. 对称

C. 居中

D. 靠下

59. 选择阀的安装高度超过(　　　)时应采取便于操作的措施。选择阀的流向指示箭头应指向介质流动方向。

    A. 1.7m

    B. 1.8m

    C. 9m

    D. 2.0m

二、多项选择题 （每题的备选项中，有 2 个或 2 个以上符合题意，至少有 1 个错项）

1. 建筑给水、排水、供暖及燃气工程中阀门在安装前应做的试验有(　　　)。

    A. 强度试验

    B. 严密性试验

    C. 灌水试验

    D. 通水试验

    E. 通球试验

2. 关于灯具安装施工工艺流程及施工方法，下列说法正确的是(　　　)。

    A. 灯具安装应牢固，采用预埋吊钩、膨胀螺栓等安装固定，严禁使用木榫

    B. 当吊灯灯具重量超过 3kg 时，应采取预埋吊钩或螺栓固定

    C. 在交电所内，高低压配电设备及母线的正上方不应安装灯具

    D. 固定件的承载能力应高于电器照明灯具的重量

    E. 所有场所的灯具的玻璃罩，应按设计要求采取防止碎裂后向下溅落的措施

3. 对进入施工现场的主要原材料、成品、半成品和设备进行验收，一般应由(　　　)的代表共同参加，验收必须得到监理工程师的认可，并形成文件。

    A. 施工单位

    B. 业主

    C. 供货商

    D. 监理

    E. 设计单位

4. 灭火剂输送管道安装完成后，应进行(　　　)和(　　　)，并合格。

    A. 强度试验

    B. 气压严密性试验

    C. 水压严密性试验

    D. 防腐试验

    E. 闭水试验

5. 管道的防腐方法主要有(　　　)。

    A. 涂漆

    B. 衬里

    C. 静电保护

    D. 阴极保护

E. 阳极保护

6. 通风与空调工程安装完毕后必须进行系统的测定和调整（简称调试）。系统调试不包括(　　)。

A. 设备单机试运转及调试

B. 系统无生产负荷的联合试运转

C. 系统有生产负荷的联合试运转

D. 设备连机试运转及调试

E. 系统联合试运转

7. 电缆在桥架内进行敷设，电力电缆、控制电缆的总截面面积分别不应大于桥架横断面面积的(　　)。

A. 50%

B. 60%

C. 65%

D. 70%

E. 75%

8. ［2019 年浙江］下列哪些调试属于防火控制装置的调试(　　)。

A. 防火卷帘门控制装置调试

B. 消防水炮控制装置调试

C. 消防水泵控制装置调试

D. 离心式排烟风机控制装置调试

E. 电动防火阀、电动排烟阀调试

答案与解析

一、单项选择题

1. C；　2. C；　3. C；　4. B；　5. B；　6. C；　7. A；　8. D；　9. B；　10. C；
11. C；　12. B；　13. D；　14. A；　15. B；　16. A；　17. C；　18. C；　19. A；　20. C；
21. A；　22. D；　23. C；　24. D；　25. D；　26. A；　27. B；　28. A；　29. B；　30. B；
31. A；　32. A；　33. B；　34. C；　35. D；　36. B；　37. A；　38. C；　39. C；　40. D；
41. C；　42. C；　43. B；　44. B；　45. C；　46. D；　47. B；　48. D；　49. A；　50. C；
51. A；　52. B；　53. C；　54. A；　55. D；　56. B；　57. D；　58. C；　59. A

二、多项选择题

1. AB；　2. ABC；　3. ACD；　4. AB；　5. ABCD；　6. CDE；　7. BE；　8. AE

单选解析

多选解析

第 4 节　安装工程常用施工机械及检测仪表的类型及应用

1. 吊装机械

(1) 常用的索吊具

绳索(麻绳、尼龙带、钢丝绳)、吊具(吊钩、吊环、吊梁)、滑轮等。

(2) 轻小型起重设备

千斤顶、滑车、起重葫芦、卷扬机。

(3) 起重机的分类

起重机可分为桥架型起重机、臂架型起重机、缆索型起重机三大类。

1) 桥架型起重机

桥架型起重机主要有桥式起重机、门式起重机、半门式起重机等。

2) 臂架型起重机

臂架型起重机主要有塔式起重机、流动式起重机(履带起重机、汽车起重机、轮胎起重机)、铁路起重机、门座起重机、半门座起重机、桅杆起重机、悬臂式起重机、浮式起重机、甲板起重机。

3) 缆索型起重机

缆索型起重机主要有缆索起重机(固定式、平移式、辐射式缆索起重机)、门式缆索起重机。

4) 常用起重机的特点及适用范围

常用的起重机有流动式起重机、塔式起重机、桅杆起重机等。

名称	特点	适用范围
流动式起重机	适用范围广,机动性好,转移场地方便;对道路、场地要求高,台班费高;作业周期短	单件重量大的大、中型设备、构件
塔式起重机	吊装速度快,台班费低;起重量小,需安装、拆卸;作业周期长	某一范围内数量多,单件重量小的设备、构件吊装
桅杆起重机	非标准起重机,结构简单,起重量大,对场地要求低,使用成本、效率低	特重、特高和场地受到特殊限制的设备、构件吊装

(4) 起重机选用的基本参数

起重机选用的基本参数主要有吊装载荷、额定起重量、最大幅度、最大起升高度等,这些参数是制定吊装技术方案的重要依据。

1) 吊装计算载荷

① 动载荷系数。一般取动载荷系数为 $K_1 = 1.1$。

② 不均衡系数。在多分支(多台起重机、多套滑轮组、多根吊索等)共同抬吊一个重物时,由于工作不同步导致的载荷不均匀现象被称为不均衡。在起重工程中,以不均衡

载荷系数计入其影响，一般取不均衡载荷系数为 $K_2=1.1\sim1.2$。

③ 吊装计算载荷。起重吊装工程中常以吊装计算载荷作为计算依据。计算载荷的一般公式为：

$$Q_j = K_1 K_2 Q$$

式中　Q_j——计算载荷；

　　　Q——分配到一台起重机的吊装载荷，包括设备及索吊具重量。

2）额定起重量

即在确定回转半径和起升高度后，起重机能安全起吊的重量。额定起重量应大于计算载荷。

3）最大起升高度

应满足：$H > h_1 + h_2 + h_3 + h_4$

式中　H——起重机吊臂顶端滑轮的高度（m）；

　　　h_1——设备高度（m）；

　　　h_2——索具高度（包括钢丝绳、平衡梁、卸扣等的高度）（m）；

　　　h_3——设备吊装到位后底部高出地脚螺栓的高度（m）；

　　　h_4——基础和地脚螺栓高度（m）。

（5）流动式起重机的选用

1）流动式起重机的特性曲线

定义：反应流动式起重机起重能力、最大起升高度随臂长、幅度的变化而变化的规律曲线。

2）流动式起重机的选用步骤

① 工作幅度：根据被吊装设备或构件的就位位置、现场具体情况确定站车位置，工作幅度。

② 臂长：根据被吊装设备或构件的就位高度、设备尺寸、吊索高度和站车位置（幅度），由起升高度特性曲线确定臂长。

③ 额定起重量：根据工作幅度（回转半径）、臂长，由起重量特性曲线确定额定起重量。

④ 比较：如果起重机的额定起重量大于计算载荷，则起重机选择合格。

⑤ 校核通过性能。计算吊臂与设备之间、吊钩与设备及吊臂之间的安全距离，若符合规范要求，则选择合格，否则应重选。

（6）吊装方法

吊装设备	特点	应用
塔式起重机	吊装能力：3～100t，臂长：40～80m	一般为单机作业，也可为双机抬吊。适用于地点固定、使用周期较长的场合
汽车起重机	液压伸缩臂，起重能力：8～550t，臂长：27～120m； 钢管结构臂，起重能力：70～250t，臂长：27～145m	可单机、双机吊装，也可多机吊装

吊装设备	特点	应用
履带起重机	起重能力：30～2000t，臂长：39～190m	中、小重物可吊重行走，机动灵活，方便，使用周期长，经济。可单机、双机吊装，也可多机吊装
桥式起重机	起重能力：3～1000t，跨度：3～150m	仓库、厂房、车间内使用，一般为单机作业，也可双机抬吊
直升机吊装	起重能力：26t	用在其他吊装机械无法完成吊装的地方（山区、高空）
缆索系统吊装	用于其他吊装方法不便或不经济的场合，以及重量不大、跨度、高度较大的场合。（桥梁建造、电视塔顶设备吊装）	
液压提升	采用"钢绞线悬挂承重、液压提升千斤顶集群、计算机控制同步"方法整体提升（滑移）大型设备与构件	桅杆起重机、移动式起重机不能解决的大型构件整体提升；体育场馆、机场航站机楼钢屋架等

2. 切割、焊接机械

（1）焊机分类

根据焊接自动化程度可分为：手工焊机和自动焊机。

（2）常用焊机

埋弧焊机	① 分类：自动焊机和半自动焊机。 ② 特性：生产效率高、焊接质量好、劳动条件好。 ③ 应用：适用于平位置（俯位）焊接及长缝的焊接
钨极氩弧焊机	特性：焊缝致密、机械性能好、观察方便、操作容易、穿透性好、成形美观、热影响区小、焊接变形小、易实现机械化和自动化
熔化极气体保护焊机	① 优点：生产效率高、成本低、焊接应力变形小、焊接质量高、操作简便、热量利用率高、生产率高。 ② 缺点：有风不能施焊、不能焊接易氧化的有色金属。 ③ 应用：适合焊接铝、镁、铜及其合金、不锈钢和稀有金属中厚板
等离子弧焊机	特性：温度高、能量集中、冲击力大、稳定、参数调节范围广

（3）常用焊接方法

常用焊接方法主要有：电弧焊（焊条电弧焊、埋弧焊、钨极气体保护焊、熔化极气体保护电弧焊、药芯焊丝电弧焊）、电阻焊、钎焊、螺柱焊等。

3. 检测仪表

（1）电工测量仪器仪表的分类

电工测量仪表主要分为电工测量指示仪表（直读仪表）和较量仪表两大类。

（2）温度仪表

压力式温度计	① 适用于工业场合测量各种对铜无腐蚀作用的介质的温度测量，若介质有腐蚀作用则应选用防腐型压力式温度计。 ② 防腐型压力式温度计采用全不锈钢材料，适用于中性腐蚀的液体和气体介质的温度测量
双金属温度计	① 由膨胀系数不同的两种金属片牢固结合在一起制成。其中一端为固定端，当温度变化时，由于两种材料的膨胀系数不同，导致双金属片的曲率发生变化，自由端位移，通过传动机构带动指针指示出相应的温度。 ② 具有防水、防腐蚀、隔爆、耐振动、直观、易读数、无汞害、坚固耐用等特点
玻璃液位温度计	① 多用于测量室温。 ② 包括：棒式玻璃温度计、内标式玻璃温度计、外标式玻璃温度计
热电偶温度计	① 热电偶的工作端（热端）直接插入待测介质中以测量温度，热电偶的自由端（冷端）与显示仪表相连接，测量热电偶产生的热电势。 ② 测量各种温度物体，测量范围大，远远大于酒精、水银温度计。 ③ 适用于炼钢炉、炼焦炉等高温场合，也可测量液态氢、液态氮等低温物体
热电阻温度计	① 中低温区最常用的一种温度检测器。 ② 主要特点：测量精度高，性能稳定。 ③ 铂热电阻测量精确度最高，广泛应用于工业测温，可制成标准的基准仪
辐射温度计	① 测量精度高，测量不干扰被测温场，不影响温场分布。 ② 测量温度高，探测器的响应时间短，易于快速与动态测量。 ③ 适用环境：核子辐射场，辐射测温场测量

（3）压力检测仪表

一般压力表	适用于测量无爆炸危险、不结晶、不凝固及对钢和铜合金不起腐蚀作用的液体、蒸汽和气体等介质的压力		
	按其作用原理分	液柱式压力计	结构简单，使用、维修方便，但信号不能远传。用于测量低压、负压
		活塞式压力计	测量精度高，可达 0.05%～0.02%。用来检测低一级的活塞式压力计或检验精密压力表，是一种主要的压力标准计量仪器
		弹性式压力计	构造简单、牢固可靠、测压范围广、使用方便、造价低廉、有足够的精度，可与电测信号配套制成遥测遥控的自动记录仪表与控制仪表
		电器式压力计	将被测压力转换成电量进行测量。用于压力信号的运传、发信或集中控制，和显示、调节、记录仪表联用可组成自动控制系统，广泛用于工业自动化和化工过程中
远传压力表	① 适用于测量对钢及铜合金不起腐蚀作用的液体、蒸汽和气体等介质的压力。② 可将被测值以电量的显示方式传至远离测量的二次仪表上，以实现集中检测和远距离控制。③ 就地指示压力，以便于现场工作检查		
电接点压力表	广泛应用于石油、化工、冶金、电力、机械等工业部门或机电设备配套中测量无爆炸危险的各种流体介质的压力		
隔膜/膜片式压力表	专门供石油、化工、食品等生产过程中测量具有腐蚀性、高黏度、易结晶、含有固体状颗粒、温度较高的液体介质的压力		

（4）流量仪表

常用的流量仪表有电磁流量计、气远传转子流量计、涡轮流量计、椭圆齿轮流量计和电动转子流量计。

电磁流量计	① 特点：只能测导电液、无阻流元件，阻力损失极小、流场影响小、精确度高、直管段要求低。 ② 应用：广泛应用于污水，氟化工、生产用水、自来水行业以及医药、钢铁等诸多方面。可以测量含有固体颗粒或纤维的液体，腐蚀性及非腐蚀性液体的流量
涡轮流量计	① 特点：精度高、重复性好、结构简单、运动部件少、耐高压、测量范围大、体积小、重量轻、压力损失小、维修方便。 ② 应用：用于封闭管道中测量低黏度气体的体积流量。在石油、化工、冶金、城市燃气管网等行业中具有广泛的使用价值
椭圆齿轮流量计	椭圆齿轮流量计又称排量流量计，是容积式流量计的一种，在流量仪表中是精度较高的一类。用于精密地、连续或间断地测量管道中液体的流量或瞬时流量，其特别适合于重油、聚乙烯醇、树脂等黏度较高介质的流量测量

（5）物位检测仪表

物位测量仪表的种类很多，可分为测量液位的仪表、测量界面的仪表、测量料位的仪表。

一、单项选择题（每题的备选项中，只有1个最符合题意）

1. 多台起重机共同抬吊一台重 40t 的设备，索吊具重量 0.8t，不均衡载荷系数取上、下限平均值，此时吊装计算载荷应为（　　）t（取小数点后两位）。

　　A. 46.92

　　B. 50.60

　　C. 51.61

　　D. 53.86

2. 某台起重机吊装一台设备，已知吊装重物的重量为 Q（包括索、吊具的重量）。吊装计算载荷应为（　　）。

　　A. Q

　　B. $1.1Q$

　　C. $1.2Q$

　　D. $1.32Q$

3. 某机械化吊装设备，稳定性能较好，车身短，转弯半径小，适合场地狭窄的作业场所，可以全回转作业。因其行驶速度慢，对路面要求高，故适宜作业地点相对固定而作业量较大的场合。这种起重机为（　　）。

　　A. 轻型汽车起重机

　　B. 中型汽车起重机

　　C. 重型汽车起重机

D. 轮胎起重机

4. 流动式起重机的选用步骤(　　)。

    A. 确定站车位置，确定臂长，确定额定起重量，选择起重机，校核通过性能

    B. 确定站车位置，确定臂长，确定额定起重量，校核通过性能，选择起重机

    C. 确定臂长，确定站车位置，确定额定起重量，选择起重机，校核通过性能

    D. 确定臂长，确定站车位置，选择起重机，确定额定起重量，校核通过性能

5. 某工作现场要求起重机吊装能力为 3～100t，臂长在 40～80m，使用地点固定、使用周期较长且较经济。一般为单机作业，也可双机抬吊。应选用的吊装方法为(　　)。

    A. 液压提升法

    B. 桅杆系统吊装

    C. 塔式起重机吊装

    D. 桥式起重机吊装

6. 点焊、缝焊和对焊是某种压力焊的三个基本类型。这种压力焊是(　　)。

    A. 电渣压力焊

    B. 电阻焊

    C. 摩擦焊

    D. 超声波焊

7. 埋弧焊是工业生产中较常用的焊接方法，其最大优点为(　　)。

    A. 热效率较高，工件坡口可较小

    B. 焊接质量高，焊缝质量好

    C. 焊接中产生气孔、裂缝的可能性较小

    D. 适用于各种厚度板材的焊接

8. 下列吊装机械，属于常用索吊具的是(　　)。

    A. 滑车

    B. 钢丝绳

    C. 千斤顶

    D. 卷扬机

9. 适用范围广，机动性好，可以方便地转移场地，但对道路、场地要求较高，台班费较高的起重机是(　　)。

    A. 流动式起重机

    B. 塔式起重机

    C. 门式起重机

    D. 桅杆式起重机

10. 在起重工程设计时，计算载荷计入了动载荷和不均衡载荷系数的影响。当被吊重物质量为 100t，吊索具质量为 3t，不均衡载荷系数取下限时，其计算载荷为(　　)。

    A. 113.30t

    B. 124.63t

    C. 135.96t

    D. 148.32t

11. 提升能力可按实际需要进行任意组合，已广泛应用于市政工程、建筑工程的相关领域以及设备安装领域的吊装方法为(　　)。

    A. 桅杆系统吊装

    B. 液压提升

    C. 利用构筑物吊装

    D. 塔式起重机吊装

12. 用在其他吊装方法不便或不经济的场合，重量不大、跨度、高度较大的场合，如桥梁建造、电视塔顶设备吊装的吊装方法为(　　)。

    A. 直升机吊装

    B. 桥式起重机吊装

    C. 缆索系统吊装

    D. 利用构筑物吊装

13. 下列不属于起重机基本参数的是(　　)。

    A. 动载荷

    B. 额定起重量

    C. 最大起升高度

    D. 最大幅度

14. 当吊装工程要求起重机行驶速度高，机动性强，可快速转移时，宜选用(　　)。

    A. 汽车起重机

    B. 轮胎起重机

    C. 履带起重机

    D. 塔式起重机

15. 熔化极气体保护焊机的优点是(　　)。

    A. 适用于焊接大型工件的直缝和环缝

    B. 可方便地进行各种位置的焊接，焊接速度快、熔敷率较高

    C. 能量密度大，电弧穿透能力强

    D. 可起到保护熔池、渗合金及稳弧作用

16. 一般来说，不能直接测得被测对象的实际温度的温度检测仪表是(　　)。

    A. 辐射温度计

    B. 热电阻温度计

    C. 压力式温度计

    D. 热电偶温度计

17. 由热电极、绝缘材料和金属套管三者组合经拉伸加工而成的坚实组合体属于(　　)型的热电偶温度计。

    A. 铠装型

    B. 普通型

    C. 薄膜型

    D. 真空型

18. 结构简单，易于制作，操作容易，移动方便，一般用于起重量不大，起重速度较

慢又无电源的起重作业中，该起重设备为（　　）。

    A. 滑车

    B. 起重葫芦

    C. 手动卷扬机

    D. 绞磨

    19. 用于石油、化工、食品等生产过程中测量具有腐蚀性、高黏度、易结晶、含有固体状颗粒、温度较高的液体介质的压力时，应选用的压力检测仪表为（　　）。

    A. 隔膜式压力表

    B. 电接点压力表

    C. 远传压力表

    D. 活塞式压力表

    20. 在高精度、高稳定性的温度测量回路中，常采用的精度最高的热电阻传感器为（　　）。

    A. 铜热电阻传感器

    B. 锰热电阻传感器

    C. 镍热电阻传感器

    D. 铂热电阻传感器

    21. 用于测量低压、负压的压力表，被广泛用于实验室压力测量或现场锅炉烟、风通道各段压力及通风空调系统各段压力的测量。其结构简单，使用、维修方便，但信号不能远传，该压力检测仪表为（　　）。

    A. 液柱式压力计

    B. 活塞式压力计

    C. 弹性式压力计

    D. 电动式压力计

    22. 用于封闭管道中测量低黏度气体的体积流量，其结构简单、维修方便、精度高的流量测量仪表为（　　）。

    A. 涡轮流量计

    B. 椭圆齿轮流量计

    C. 玻璃管转子流量计

    D. 电磁流量计

    23. 特别适合于重油、聚乙烯醇、树脂等黏度较高介质流量的测量，用于精密地、连续或间断地测量管道流体的流量或瞬时流量，属于容积式流量计。该流量计是（　　）。

    A. 椭圆齿轮流量计

    B. 涡轮流量计

    C. 玻璃管转子流量计

    D. 差压式流量计

    24. 下列不属于轻小型起重设备的是（　　）。

    A. 卷扬机

    B. 千斤顶

    C. 滑车

    D. 缆索起重机

25. 设计原理及结构上具有防水、防腐蚀、隔爆、耐振动、直观、易读数、无汞害、坚固耐用的特点的温度计是(　　　)。

    A. 压力式温度计

    B. 双金属温度计

    C. 热电偶温度计

    D. 热电阻温度计

26. 可以采用较大焊接电流,最大优点是焊接速度快,焊缝质量好,特别适合焊接大型工件的直缝和环缝的焊接方法为(　　　)。

    A. 焊条电弧焊

    B. 钨极气体保护焊

    C. 药芯焊丝电弧焊

    D. 埋弧焊

27. 连接薄板金属和打底焊的一种极好的焊接方法是(　　　)。

    A. 焊条电弧焊

    B. 钨极气体保护焊

    C. 药芯焊丝电弧焊

    D. 埋弧焊

28. LNG 罐顶部防潮层钢板外侧需焊接大量的混凝土挂钉,可提高功效十几倍的焊接方法为(　　　)。

    A. 焊条电弧焊

    B. 螺柱焊

    C. 药芯焊丝电弧焊

    D. 埋弧焊

29. 建筑、安装工程常用的臂架型起重机有(　　　)。

    A. 梁式起重机

    B. 桥式起重机

    C. 门式起重机

    D. 塔式起重机

30. 用于测量各种物体温度,测量范围极大,远远大于酒精、水银温度计,适用于测量炼钢炉、炼焦炉等高温场合,也可测量液态氢、液态氮等低温物体的温度计为(　　　)。

    A. 压力式温度计

    B. 双金属温度计

    C. 热电偶温度计

    D. 热电阻温度计

31. 一种主要的压力标准计量仪器,测量精度很高,可用来检验精密压力表的压力表为(　　　)。

    A. 弹性式压力计

B. 液柱式压力计

C. 活塞式压力计

D. 电器式压力计

32. 用于测量低压、负压的压力表，被广泛用于实验室压力测量或现场锅炉烟、风通道各段压力及通风空调系统各段压力的测量。其结构简单，使用、维修方便，但信号不能远传，该压力检测仪表为（　　）。

A. 液柱式压力计

B. 活塞式压力计

C. 弹性式压力计

D. 电动式压力计

33. 采用双机抬吊时，宜选用同类型或性能相近的起重机，负载分配应合理，单机载荷不得超过额定起重量的（　　）。

A. 20%

B. 50%

C. 80%

D. 90%

34. （　　）焊接速度快，焊缝质量好，特别适用于焊接大型工件的直缝和环缝。

A. 埋弧焊

B. 电阻焊

C. 激光焊

D. 电弧焊

35. 下列起重机中，（　　）不是流动式起重机。

A. 门式起重机

B. 汽车式起重机

C. 履带式起重机

D. 轮胎式起重机

36. 下列不属于臂架类型起重机的是（　　）。

A. 门座式起重机

B. 塔式起重机

C. 门式起重机

D. 桅杆式起重机

37. 对于场地受到特殊限制的设备、构件吊装，应使用的吊装机械为（　　）。

A. 塔式起重机

B. 轮胎起重机

C. 桅杆式起重机

D. 履带式起重机

38. 流动式起重机选用时，应根据被吊设备或构件的就位位置、现场具体情况等确定起重机的站车位置，站车位置一旦确定，则（　　）。

A. 可由特性曲线确定起重机臂长

B. 可由特性曲线确定起重机能吊装的荷载

C. 可确定起重机的工作幅度

D. 起重机的最大起升高度可确定

39. 建筑、安装工程常用的起重机有自行式起重机、塔式起重机和(　　　)。

A. 履带起重机

B. 轮胎式起重机

C. 桅杆式起重机

D. 汽车式起重机

40. 起重量大、机动性好，可以方便地转移场地，适用范围广，但对道路、场地要求较高，台班费高，幅度利用率低且适用于单件大、中型设备、构件的吊装，该起重机械应该是(　　　)。

A. 桅杆式起重机

B. 流动式起重机

C. 履带式起重机

D. 塔式起重机

41. 桅杆式起重机的特点是(　　　)。

A. 起重量大，机动性好，可以方便地转移场地，适用范围广，但对道路、场地要求较高，台班费高，幅度利用率低

B. 吊装速度快，幅度利用率高，台班费低

C. 适用于在某一范围内数量多，而每一单件重量较小的吊装

D. 结构简单，起重量大，对场地要求不高，使用成本低，但效率不高，每次使用须重新进行设计计算

42. 下列不属于起重机基本参数的是(　　　)。

A. 额定起重量

B. 起重机自重

C. 最大起升高度

D. 最大工作幅度

43. 多为厂房、车间内使用，一般为单机作业，也可双机抬吊的吊装方法为(　　　)。

A. 塔式起重机吊装

B. 桥式起重机吊装

C. 汽车起重机吊装

D. 履带起重机吊装

44. 吊装成功的关键在于(　　　)。

A. 吊装方法的合理选择

B. 技术可行性论证

C. 吊装工艺分析

D. 吊装安全技术措施

45. 起重机选用的基本参数不包括(　　　)。

A. 最小承载量

B. 吊装载荷

C. 最大幅度

D. 额定起重量

46. ［2019 年浙江］以下哪些机械不属于管道加工类机械(　　)。

A. 套丝机

B. 弯管机

C. 管道弧焊机

D. 电动滚槽机

二、多项选择题（每题的备选项中，有 2 个或 2 个以上符合题意，至少有 1 个错项）

1. 属于选用起重机的基本参数有(　　)。

A. 吊装载荷

B. 额定起重量

C. 最小幅度

D. 最大起升高度

E. 回转半径

2. 电工测量指示仪表的种类繁多，按使用方式分类，可分为(　　)。

A. 隔爆式

B. 安装式

C. 可携带式

D. 普通式

E. 防尘式

3. 压力表按其作用原理分为(　　)。

A. 液柱式

B. 弹性式

C. 电器式

D. 活塞式

E. 波纹管式

4. 建筑、安装工程常用的起重机有(　　)。

A. 流动式起重机

B. 桅杆式起重机

C. 履带起重机

D. 塔式起重机

E. 桥架式起重机

5. 起重机选用的基本参数主要有(　　)等，这些参数是制订吊装技术方案的重要依据。

A. 最大幅度

B. 吊装载荷

C. 起重机自重

D. 最小承载量

E. 额定起重量

6. 椭圆齿轮流量计具有的特点有(　　　)。

A. 不适用于黏度较大的液体流量的测量

B. 不适用于含有固体颗粒的液体流量的测量

C. 测量精度高

D. 属于面积式流量计

E. 计量稳定

答案与解析

一、单项选择题

1. C; 　2. B; 　3. D; 　4. A; 　5. C; 　6. B; 　7. B; 　8. B; 　9. A; 　10. B;

11. B; 　12. C; 　13. A; 　14. A; 　15. B; 　16. A; 　17. A; 　18. D; 　19. A; 　20. D;

21. A; 　22. A; 　23. A; 　24. D; 　25. B; 　26. D; 　27. B; 　28. B; 　29. D; 　30. C;

31. C; 　32. A; 　33. C; 　34. A; 　35. A; 　36. C; 　37. C; 　38. C; 　39. C; 　40. B;

41. D; 　42. B; 　43. B; 　44. A; 　45. A; 　46. C

二、多项选择题

1. ABD; 　　2. BC; 　　3. ABCD; 　　4. ABD; 　　5. ABE; 　　6. BCE

单选解析

多选解析

第5节　施工组织设计的编制原理、内容及方法

复习要点

1. 施工组织设计概念、作用与分类

概念	施工组织设计是以施工项目为对象编制的,用以指导施工的技术、经济和管理的综合文件	
作用	施工组织设计是对施工活动实行科学管理的重要手段之一,它具有战略部署和战术安排的双重作用	
分类	施工组织总设计	以整个建设工程项目为对象(如一个工厂、一个机场、一个居住小区等)而编制
	单位工程施工组织设计	以单位工程(如一栋楼房、一个烟囱、一段道路、一座桥等)为对象编制
	分部(分项)工程施工组织设计	是直接指导分部(分项)工程施工的依据

2. 施工组织设计的编制原则

3. 施工组织总设计

编制依据	①计划文件；②设计文件；③合同文件；④建设地区基础资料；⑤相关标准、规范和法律；⑥类似建设工程项目的资料和经验
主要内容	①工程概况；②施工部署及其核心工程的施工方案；③全场性施工准备工作计划；④施工总进度计划；⑤各项资源需求量计划；⑥全场性施工总平面图设计；⑦主要技术经济指标

4. 单位工程施工组织设计

编制依据	①与工程建设相关的法律、法规和文件；②国家现行相关标准和技术经济指标；③工程所在地区行政主管部门的批准文件，建设单位对施工的要求；④工程施工合同或招标投标文件；⑤工程设计文件；⑥工程施工范围内的现场条件，工程地质及水文地质、气象等自然条件；⑦与工程相关的资源供应情况；⑧施工企业的生产能力、机具设备状况、技术水平等
主要内容	①工程概况及施工特点分析；②施工方案的选择；③单位工程施工准备工作计划；④单位工程施工进度计划；⑤各项资源需求量计划；⑥单位工程施工总平面图设计；⑦技术组织措施、质量保证措施和安全施工措施；⑧主要技术经济指标
编制、审批和交底	施工组织设计应由项目负责人主持编制，项目经理部全体管理人员参加，施工单位主管部门审核，施工单位技术负责人或其授权的技术人员审批，审批后在工程开工前由施工单位项目负责人组织，对项目部全体管理人员及主要分包单位进行交底并做好交底记录
发放和归档	单位工程施工组织设计审批后加盖受控章，由项目资料员报送及发放并登记记录，报送监理方及建设方，发放企业主管部门、项目相关部门、主要分包单位
动态管理	①项目施工过程中，发生下列情况之一时，施工组织设计应及时进行修改和补充：工程设计有重大修改；相关法律、法规、规范和标准实施、修订和废止；主要施工方法有重大调整；主要施工资源配置有重大调整；施工环境有重大改变。 ②经修改或补充的施工组织设计应重新审批后实施

5. 安装工程施工组织设计的内容及方法

一、单项选择题（每题的备选项中，只有 1 个最符合题意）

1. 需要编制分部工程施工组织设计的是（　　）。

　A. 大型结构构件吊装工程

　B. 单位工程

　C. 建设项目

　D. 群体工程

2. 按编制范围不同，施工组织设计可分为（　　）。

　A. 施工总平面图、施工总进度计划和资源需求计划

　B. 施工总平面图、施工总进度计划和专项施工方案

　C. 施工组织总设计、单位工程施工进度计划和施工作业计划

　D. 施工组织总设计、单位工程施工组织设计和分部工程施工组织设计

3. 单位（单项）工程施工组织设计应由（　　）负责编制。

A. 总承包单位技术负责人

B. 施工项目负责人

C. 总承包单位法定代表人

D. 施工项目技术负责人

4. 施工组织设计是以(　　)为对象编制的。

A. 施工项目

B. 施工内容

C. 施工单位

D. 施工目标

5. 施工组织设计是对施工活动实行科学管理的重要手段，其具有(　　)的作用。

A. 战略部署和经济安排

B. 战术安排和经济安排

C. 战略部署和战术安排

D. 战术安排和技术安排

6. 施工组织总设计的编制对象为(　　)。

A. 整个建设项目

B. 分部工程

C. 专项工程

D. 单位工程

7. 负责组织单位工程施工组织设计交底的是(　　)。

A. 企业技术负责人

B. 施工项目负责人

C. 项目技术负责人

D. 企业主管部门

8. 工程竣工后将《单位工程施工组织设计》整理归档的单位是(　　)。

A. 施工单位

B. 监理单位

C. 建设单位

D. 设计单位

9. 单位工程施工阶段的划分一般是(　　)。

A. 地基基础、主体结构、装饰装修

B. 地基、基础、主体结构、装饰装修

C. 地基基础、主体结构、装饰装修和机电设备安装

D. 地基、基础、主体结构、装饰装修和机电设备安装

10. 施工机具配置计划确定的依据是(　　)。

A. 施工方法和施工进度计划

B. 施工部署和施工方法

C. 施工部署和施工进度计划

D. 施工顺序和施工进度计划

11. 施工组织设计是对(　　)实行科学管理的重要手段。

    A. 施工计划

    B. 施工预算

    C. 施工企业

    D. 施工活动

12. 施工组织总设计的编制程序包括：①收集和熟悉相关资料和图纸；②施工总平面图设计；③拟订施工方案；④计算主要技术经济指标；⑤计算主要工种工程的工程量。其正确顺序为(　　)。

    A. ①③④⑤②

    B. ③④⑤①②

    C. ①⑤③②④

    D. ⑤③②①④

13. 关于施工总平面布置的原则，下列说法错误的是(　　)。

    A. 临时设施应方便生产和生活，办公区、生活区和生产区宜分离设置

    B. 合理组织运输，减少二次搬运

    C. 遵守当地主管部门关于施工现场安全文明施工的相关规定

    D. 平面布置科学合理，施工场地占用面积少

14. 下列消防保卫措施，说法错误的是(　　)。

    A. 库房的明显位置设置十个泡沫的灭火器，并定期检查，保持完好

    B. 没有"动火证"不能动火，特殊工种需要上岗证

    C. 各项施工方案要分别编制安全技术措施，书面向施工人员交底

    D. 凡2.5m以上高空作业需支搭脚手架

15. 下列施工组织设计的编制原则中，错误的是(　　)。

    A. 遵守工程基本建设程序，采用合理的施工顺序和施工工艺

    B. 采用先进的施工技术和管理方法

    C. 尽量增加现场作业和劳动强度

    D. 符合节能环保要求

16. 下列不属于单位工程施工组织设计编制依据的是(　　)。

    A. 工程设计合同

    B. 招标投标文件

    C. 现场状况调查资料

    D. 工程承包人的生产能力、技术装备、技术水平及施工经验

17. 某施工企业承接了某住宅小区中10号楼的土建施工任务，项目经理部针对该10号楼编制的施工组织设计属于(　　)。

    A. 施工组织总设计

    B. 单项工程施工组织设计

    C. 单位工程施工组织设计

    D. 分部工程施工组织设计

18. 关于施工组织设计的编制原则，下列说法错误的是(　　)。

A. 对所有分部分项工程的施工方法进行多方案的技术经济比较，选择经济合理，技术先进，符合施工现场实际情况的施工方案

B. 尽量利用正式工程、原有待拆的设施作为工程施工时的临时设施

C. 用流水施工原理和网络计划技术统筹安排施工进度

D. 任何一个施工组织设计都必须针对本工程的实际情况，明确制定行之有效的保障施工质量和施工安全的技术措施

19. 季节性施工用材应依据施工方案中指定的材料提前(　　)购入库房存放。

A. 15 天

B. 20 天

C. 30 天

D. 45 天

20. 钢材进场时，必须有市质监站质检合格证，各种配件均应做不小于(　　)的单体试验。

A. 5%

B. 10%

C. 15%

D. 20%

二、多项选择题（每题的备选项中，有 2 个或 2 个以上符合题意，至少有 1 个错项）

1. 施工组织总设计、单位工程施工组织设计和分部（分项）工程施工组织设计的区别有(　　)。

A. 编制原则和目标不同

B. 编制对象和范围不同

C. 编制依据不同

D. 编制主体不同

E. 编制深度要求不同

2. 在单位工程施工组织设计中，绘制施工进度计划图时，可以选择(　　)。

A. 横道图计划

B. 双代号网络计划

C. 时标网络计划

D. 单代号网络计划

E. 多代号网络计划

3. 单位工程施工组织设计的主要内容包括(　　)。

A. 工程概况

B. 施工方案

C. 施工进度计划及资源需求量计划

D. 工程量清单

E. 施工平面图及主要技术经济指标

4. 施工过程中，施工组织设计应进行修改或补充的情况有(　　)。

A. 工程设计有重大修改

B. 相关标准规范修订和废止

C. 原审批人员发生变更

D. 主要施工资源配置有重大调整

E. 施工环境有重大改变

5. 施工现场平面布置图应包括的基本内容有(　　)。

A. 工程施工场地状况

B. 拟建建（构）筑物的位置、轮廓尺寸、层数等

C. 施工现场生活、生产设施的位置和面积

D. 施工现场外的安全、消防、保卫和环境保护等设施

E. 相邻地上、地下既有建（构）筑物及相关环境

6. 关于单位工程施工组织设计发放与归档的说法，正确的有(　　)。

A. 审核后加盖受控章

B. 项目资料员报送及发放、登记记录

C. 报送监理方及设计方

D. 发放企业主管部门、项目相关部门、主要分包单位

E. 工程竣工后，将《单位工程施工组织设计》整理归档

7. 施工组织总设计的编制依据主要包括(　　)。

A. 计划文件

B. 设计文件

C. 类似建设工程项目的资料和经验

D. 项目设计概况

E. 合同文件

8. 施工组织设计按工程规模可分为(　　)。

A. 施工组织总设计

B. 单项工程施工组织设计

C. 单位工程施工组织设计

D. 分部（分项）工程组织设计

E. 施工计划

9. 施工组织总设计和单位工程施工组织设计都包含的内容是(　　)。

A. 施工总进度计划

B. 施工方案的选择

C. 各项资源需求量计划

D. 主要技术经济指标

E. 全场性施工总平面图设计

10. 关于质量验收制度，工序质量验收应严格执行"三检"制度，即(　　)。

A. 自检

B. 互检

C. 终检

    D. 复检

    E. 专检

11. 关于安全技术措施,下列说法正确的是(   )。

    A. 各项施工方案应分别编制安全技术措施,书面向施工人员交底

    B. 电焊机、套丝机必须实行一机一闸,严禁一闸多用

    C. 氧气瓶、乙炔瓶距离不少于5m,距明火不得小于10m

    D. 生产班组每月至少要进行一次班组安全活动并做记录

    E. 两米以上高空作业需支搭脚手架,工长要提前提出支搭架子要求

答案与解析

一、单项选择题

1. A;   2. D;   3. B;   4. A;   5. C;   6. A;   7. B;   8. A;   9. C;   10. C;
11. D;   12. C;   13. C;   14. D;   15. C;   16. A;   17. C;   18. A;   19. A;   20. A

二、多项选择题

1. BCDE;   2. ABCD;   3. ABC;   4. ABDE;   5. ABCE;   6. BDE;   7. ABCE;   8. ACD;
9. CD;   10. ABE;   11. ABCE

单选解析

多选解析

第6节　安装工程相关规范的基本内容

复习要点

1. 安装工程施工及验收规范

(1)《建筑电气工程施工质量验收规范》GB 50303—2015

(2)《建筑物防雷工程施工与质量验收规范》GB 50601—2010

(3)《给水排水管道工程施工及验收规范》GB 50268—2008

(4)《通风与空调工程施工质量验收规范》GB 50243—2016

(5)《建筑工程施工质量验收统一标准》GB 50300—2013

2. 安装工程计量与计价规范

(1)《建筑工程工程量清单计价规范》GB 50500—2013

(2)《通用安装工程工程量计算规范》GB 50856—2013

本规范中工业管道与市政工程管网工程的界定:安装工业管道与市政工程管网工程的

界定：给水管道以厂区入口水表井为界，排水管道以厂区围墙外第一个污水井为界，热力和燃气以厂区入口第一个计量表（阀门）为界。

一、单项选择题（每题的备选项中，只有1个最符合题意）

1. 依据《通用安装工程工程量计算规范》GB 50856—2013 的规定，"给水排水、供暖、燃气工程"的编码为（　　）。

 A. 0310

 B. 0311

 C. 0312

 D. 0313

2. 根据《通用安装工程工程量计算规范》GB 50856—2013 的规定，"刷油、防腐蚀、绝热工程"的编码为（　　）。

 A. 0310

 B. 0311

 C. 0312

 D. 0313

3. 依据《通用安装工程工程量计算规范》GB 50856—2013 的规定，编码 0310 所表示的项目名称为（　　）。

 A. 消防工程

 B. 给水排水、供暖、燃气工程

 C. 通风空调工程

 D. 工业管道工程

4. 根据《市政工程工程量计算规范》GB 50857—2013，关于安装工业管道与市政工程管网工程的界定，说法错误的是（　　）。

 A. 给水管道以厂区入口检查井为界

 B. 排水管道以厂区围墙外第一个污水井为界

 C. 热力以厂区入口第一个计量表（阀门）为界

 D. 燃气以厂区入口第一个计量表（阀门）为界

5. 依据《通用安装工程工程量计算规范》GB 50856—2013，室外给水管道与市政管道界限划分应为（　　）。

 A. 以项目区入口水表井为界

 B. 以项目区围墙外 1.5m 为界

 C. 以项目区围墙外第一个阀门为界

 D. 以市政管道碰头井为界

6. 消防报警系统配管、配线、接线盒应编码列项的项目为（　　）。

 A. 附录 E 建筑智能化工程

 B. 附录 K 给水排水供暖燃气工程

 C. 附录 D 电器设备安装工程

 D. 附录 F 自动化控制仪表安装工程

二、多项选择题（每题的备选项中，有 2 个或 2 个以上符合题意，至少有 1 个错项）

1. 关于安装工程计量与计价规范，说法正确的是（　　）。

A. 招标工程量清单必须作为招标文件的组成部分，其正确性和完整性应由招标人负责

B. 使用国有资金投资的建设工程发承包宜采用工程量清单计价

C. 安全文明施工费不得作为竞争性费用

D. 建设工程发承包及实施阶段的工程造价应由分部分项工程费、措施项目费、其他项目费、规费和税金组成

E. 规费和税金不得作为竞争性费用

答案与解析

一、单项选择题

1. A；　2. C；　3. B；　4. A；　5. A；　6. C

二、多项选择题

1. ACDE

单选解析

多选解析

第 2 章 安 装 工 程 计 量

第 1 节 安装工程识图基本原理与方法

复习要点

1. 安装工程图的主要类别和内容

略。

2. 电气安装工程主要图例及识图方法

就建筑电气施工图而言，一般遵循"六先六后"的原则，即先强电后弱电、先系统后平面、先动力后照明、先下层后上层、先室内后室外、先简单后复杂。

电气工程施工图的读图顺序为：标题栏→目录→设计说明→图例→系统图→平面图→接线图→标准图。

3. 通风空调工程主要图例及识图方法

通风空调工程施工图由基本图、详图、文字说明、主要设备材料清单等组成。基本图包括系统原理图、平面图、剖面图及系统轴测图。详图包括部件加工及安装图。

4. 消防工程主要图例及识图方法

主要图例有消防设备的平面位置，引用大样图的索引号，立管位置及编号。通过平面图，可以知道立管等设施的前后、左右关系、相距尺寸。

当有屋顶水箱时，屋顶给水排水平面图应反映出水箱容量各种管道的平面位置、管道支架、保温等内容。

建筑消防给水工程平面布置图识读时要查明消火栓的布置、口径大小及消防箱的型式与位置，消火栓一般装在消防箱内，但也可以装在消防箱外面。当装在消防箱外面时，消火栓应靠近消防箱安装。消防箱底距地面 1.10m，有明装、暗装和单门、双门之分，识图时要区分清楚。

5. 给水排水、供暖、燃气工程主要图例及识图方法

（1）室内给水工程施工图

识读给水施工图一般按下列顺序：首先阅读施工说明，了解设计意图，再由平面图对照系统图阅读，一般按供水流向，由底层至顶层逐层看图；弄清整个管路全貌后，再对管路中设备、器具的数量、位置进行分析；最后要了解和熟悉给水排水设计和验收规范中卫生器具的安装高度，以利于量截和计算管道工程量。

（2）室内排水工程施工图

阅读室内排水工程施工图时应将平面图和系统图结合起来，从用水设备起，沿排水的方向按顺序进行阅读。

（3）供暖工程施工图

首先阅读施工说明，了解设计意图；在识读平面图时应着重了解整个系统的平面布置情况，首先找到供暖管道的进出口位置，供暖和回水干管的走向；在识读系统图时应着重了解立管的根数及分布情况；最后弄清系统中散热设备和其他附件的安装位置。

一、单项选择题 （每题的备选项中，只有1个最符合题意）

1. 根据通风空调工程主要图例符号，排风管代号为（　　）。

    A. SF

    B. PY

    C. PF

    D. XB

2. 对下列选项进行排序：①阅读施工说明，了解设计意图；②对管路中的设备、器具的数量、位置进行分析；③了解和熟悉给水排水设计和验收规范中部分卫生器具的安装高度；④按供水流向，由底层至顶层逐层看图。识读给水施工图的正确顺序是（　　）。

    A. ②①③④

    B. ①②③④

    C. ①④②③

    D. ③④②①

3. 电气安装工程主要图例符号"⊞"代表（　　）。

    A. 电源自动切换箱

    B. 阀

    C. 信号箱

    D. 组合开关箱

4. 电气安装工程主要图例符号"⌁"代表（　　）。

    A. 防爆三级开关

    B. 暗装三级开关

    C. 明装三级开关

    D. 防水三级开关

5. 电气安装工程主要图例符号"▯▮"代表（　　）。

    A. 感烟探测器

    B. 感温探测器

    C. 手动报警装置

    D. 火灾报警装置

6. 电气工程施工图的读图顺序为（　　）。①接线图；②标准图；③标题栏；④系统图；⑤平面图；⑥设计说明；⑦图例；⑧目录。

    A. ③→⑧→⑥→⑦→①→②→④→⑤

    B. ⑧→⑥→①→②→③→④→⑤→⑦

    C. ③→⑧→⑥→⑦→④→⑤→①→②

    D. ①→②→③→④→⑤→⑦→⑧→⑥

7. 关于通风空调的调控仪表图例，"P"表示（　　）。

A. 温度传感器

B. 湿度传感器

C. 压力传感器

D. 烟感器

8. 关于消防工程常用图例，"⌢"表示(　　　)。

A. 按钮

B. 电源

C. 警铃

D. 喇叭

9. 关于建筑给水排水工程施工图常用图例，管道类别"〜〜〜"表示(　　　)。

A. 膨胀管

B. 保温管

C. 伴热管

D. 雨水管

10. 关于建筑给水排水工程施工图常用图例，管道连接"——→——"表示(　　　)。

A. 法兰连接

B. 承插连接

C. 三通连接

D. 活接头

11. 工程决算的重要依据是(　　　)。

A. 工程经费概算

B. 工程经费预算

C. 设计图概算

D. 设计图预算

12. 符号 MR 表示的是(　　　)。

A. 钢索敷设

B. 金属线槽

C. 塑料线卡

D. 铝皮线卡

13. 照明灯具符号 DS 表示(　　　)。

A. 线吊式

B. 链吊式

C. 管吊式

D. 吸顶式

14. 在识读电气工程施工图时读图例的下一步为(　　　)。

A. 识读平面图

B. 识读系统图

C. 识读接线图

D. 识读标准图

15. 下列不属于电气工程施工图标题栏的是(　　)。

    A. 设计单位

    B. 绘图比例

    C. 图纸编号

    D. 设计日期

16. 风道符号 ZY 表示的是(　　)。

    A. 消防排烟管

    B. 加压送风管

    C. 消防补风管

    D. 新风管

17. 通风空调系统设计说明不包括(　　)。

    A. 工程性质

    B. 设计参数

    C. 偏移量

    D. 通风空调系统的工作方式

18. 消防平面图不能表示自动喷水灭火系统中的(　　)。

    A. 喷头形式

    B. 布置尺寸

    C. 水力警铃

    D. 压力

19. 消防平面图中的屋顶给水排水平面图不能表示(　　)。

    A. 管道尺寸

    B. 管道平面位置

    C. 管道支架

    D. 保温

20. 室内给水系统中组成水表井的下一步骤为(　　)。

    A. 进户管

    B. 水平干管

    C. 立管

    D. 水平支管

21. 识读给水施工图错误的是(　　)。

    A. 一般按供水方向

    B. 由顶层至底层看图

    C. 对管路位置分析

    D. 对管路设备分析

22. (　　)主要用于表示电器装置内部各元件之间及其与外部其他装置之间的连接关系。

    A. 接线图

    B. 电气系统图和框图

C. 电路图

D. 电气平面图

23. (   )主要表示系统或装置的电器工作原理。

A. 电气平面图

B. 电气原理图

C. 接线图

D. 设备元件和材料表

24. 电气工程中选用的设备和装置的生产厂家往往会随(   )附上电器图。

A. 产品质量合格证

B. 包装

C. 产品采购表

D. 产品使用说明书

25. 风管符号 XB 表示的是(   )。

A. 加压送风管

B. 回风管

C. 消防补风管

D. 新风管

26. 当装在消防箱外面时，消火栓应靠近消防箱安装，消防箱底距地面(   )m。

A. 1. 0

B. 1. 10

C. 1. 20

D. 1. 50

27. 室内消火栓给水管道的标注为(   )。

A. FX

B. XH

C. SX

D. SN

28. 尺寸界线应用细实线绘制，一般应与被注长度垂直，其一端应离开图样轮廓线不小于(   )mm，另一端宜超出尺寸线(   )mm，图样轮廓线可用作尺寸界线。

A. 1，1～3

B. 2，2～3

C. 2，2～4

D. 1，1～3

29. 消防给水系统工程及算量中最重要的是(   )，其直接关系工程质量。

A. 总说明

B. 系统图

C. 详图

D. 图集

30. 在电气工程施工图分类中，火灾自动报警系统工程图属于(   )。

  A. 变配电工程图

  B. 动力及照明工程图

  C. 防雷与接地工程图

  D. 弱电工程图

31. (　　)又称大样图,包括制作加工详图和安装详图。

  A. 系统原理方框图

  B. 系统剖面图

  C. 详图

  D. 系统轴测图

32. [2019年陕西]消防给水系统工程及算量中最重要的是(　　),其直接关系工程质量。

  A. 总说明

  B. 系统图

  C. 详图

  D. 图集

33. [2019年陕西]在电气施工图分类中,火灾自动报警系统工程图属于(　　)。

  A. 变电工程图

  B. 动力及照明工程图

  C. 防雷与接地工程图

  D. 弱电工程图

二、多项选择题 (每题的备选项中,有2个或2个以上符合题意,至少有1个错项)

1. 就建筑电气施工图而言,一般遵循"六先六后"的原则,即(　　)。

  A. 先强电后弱电

  B. 先系统后平面

  C. 先动力后照明

  D. 先上层后下层

  E. 先室外后室内

2. 通风空调工程施工图中的设计说明应包括(　　)。

  A. 工程性质、规模、服务对象及系统工作原理

  B. 通风空调系统的设计参数

  C. 施工质量要求和特殊的施工方法

  D. 保温、油漆等的施工要求

  E. 施工详图

3. [2019年陕西]供暖工程施工图的组成包括(　　)。

  A. 设计说明书

  B. 基本图

  C. 原理图

  D. 施工图

  E. 设备材料表

答案与解析

一、单项选择题

1. C； 2. C； 3. D； 4. A； 5. B； 6. C； 7. C； 8. C； 9. B； 10. B；
11. A； 12. B； 13. C； 14. B； 15. C； 16. B； 17. C； 18. D； 19. A； 20. B；
21. B； 22. A； 23. B； 24. D； 25. C； 26. C； 27. B； 28. B； 29. C； 30. D；
31. C； 32. C； 33. D

二、多项选择题

1. ABC； 2. ABCD； 3. ADE

单选解析

多选解析

第2节 常用安装工程工程量计算规则及应用

复习要点

1. 电气安装工程工程量清单计算规则

（1）变压器

变压器和消弧线圈安装，分型号、容量、电压、油过滤要求等，按设计图示数量以"台"为计量单位。工作内容包括：本体安装，基础型钢制作、安装，油过滤，干燥，接地，网门、保护门制作、安装，补刷（喷）油漆等。变压器油如需试验、化验、色谱分析，应按措施项目相关项目编码列项。

（2）配电装置

类别	计量要求	单位
断路器、真空接触器、互感器、油浸电抗器、并联补偿电容器组架、交流滤波装置组架、高压成套配电柜、组合型成套箱式变电站	分型号、容量、电压等级、安装条件、操作机构名称及型号、基础型钢规格、接线材质、规格、安装部位、油过滤要求计算	台
隔离开关、负荷开关、高压熔断器、避雷器、干式电抗器		组
移相及串联电容器、集合式并联电容器		个

说明：

1）空气断路器的储气罐及储气罐至断路器的管路按工业管道工程相关项目列项。

2）干式电抗器项目适用于混凝土电抗器、铁芯干式电抗器、空心干式电抗器等。

3）设备安装未包括地脚螺栓、浇注（二次灌浆、抹面），如需安装，应按《房屋建筑与装饰工程工程量计算规范》GB 50854—2013列项。

（3）母线

除重型母线按设计图示尺寸以质量计算外，其余均以长度计算。

（4）控制设备及低压电器

设备类型	项目特征	单位
控制屏，继电、信号屏，模拟屏，低压开关柜（屏），弱电控制返回屏，硅整流柜，可控硅柜，低压电容器柜，自动调节励磁屏，励磁灭磁屏，蓄电池屏（柜），直流馈电屏，事故照明切换屏，控制台，控制箱，配电箱，插座箱	按名称、型号、规格、种类，基础型钢形式、规格，接线端子材质、规格，端子板外部接线材质、规格，小母线材质、规格，屏边规格、安装方式等，按设计图示数量计算	台
箱式配电室	按名称、型号，规格，种类，基础型钢形式、规格，基础规格、浇筑材质，按设计图示数量计算	套
控制开关、低压熔断器、限位开关	按设计图示数量计算	个
控制器、接触器、磁力启动器、Y-△自耦减压启动器、电磁铁（电磁制动器）、快速自动开关、油浸频敏变阻器、端子箱、风扇	按设计图示数量计算	台
电阻器	按设计图示数量计算	箱
分流器、小电器、照明开关、插座、其他电器	按名称、型号、规格、种类、容量（A）等，按设计图示数量计算	个（套、台）

（5）电缆

类型	项目特征	单位
电力电缆、控制电缆	按名称，型号，规格、材质、敷设方式、部位、电压等级、地形，按设计图示尺寸计算	"m"（含预留长度及附加长度）
电缆保护管、电缆槽盒、铺砂、盖保护板（砖）	按名称、型号、规格、材质等，按设计图示尺寸计算	m
电力电缆头、控制电缆头	按名称、型号、规格、材质、安装部位、电压等级，按设计图示数量计算	个
电缆分支箱	按名称、型号、规格，基础形式、材质、规格，按设计图示数量计算	台

按名称、材质、方式、部位，防火堵洞按设计图示数量以"处"计算；防火隔板按设计图示尺寸以面积"m²"计算；防火涂料按设计图示尺寸以质量"kg"计算

（6）防雷及接地装置

类型	项目特征	单位
接地极	区分名称、材质、规格、土质，基础接地形式，按设计图示数量计算	根（块）
接地母线、避雷引下线、均压环、避雷网	区分名称、规格、材质、安装形式、安装部位、断接卡子、箱材质、规格，混凝土块强度等级	"m"（含附加长度）
避雷针	区分名称、规格，材质，安装形式、高度	根
等电位端子箱、测试板	区分名称、规格、材质按设计图示数量计算	台

（7）配管、配线

类型	项目特征	单位
配管、线槽、桥架	名称，材质，规格，配置形式，接地要求，钢索材质、规格	m
配线区	名称、配线形式、型号、规格、材质、配线部位、配线线制，钢索材质、规格	m
接线箱、接线盒	名称、材质、规格、安装形式	个

2. 通风空调工程工程量计算规则

类型	项目特征	单位
通风空调设备及部件制作安装	空调器按设计图示数量计算	"台"或"组"
	密闭门、挡水板、滤水器（溢水盘）、金属壳体	"个"
	过滤器的计量有两种方式	"台"或"过滤面"
通风管道制作安装	碳钢通风管道、净化通风管道、不锈钢板通风管道、铝板通风管道、塑料通风管道等 5 个分项工程在进行计量时，按设计图示内径尺寸以展开面积计算	m^2
	玻璃钢通风管道、复合型风管工程量是按设计图示外径尺寸以展开面积计算	
	柔性软风管的计量有两种方式	"m"或"节"
	弯头导流叶片有两种计量方式	以展开面积"m^2"或"组"
	风管检查孔的计量按风管检查孔质量或设计图示数量	"kg"或"个"
	温度、风量测定孔按设计图示数量计算	个

应注意问题：

① 风管展开面积不扣除检查孔、测定孔、送风口、吸风口等所占面积；

② 风管长度一律以设计图示中心线长度为准（主管与支管以其中心线交点划分），包括弯头、三通、变径管、天圆地方等管件的长度，但不包括部件所占的长度。

③ 风管展开面积不包括风管、管口重叠部分面积。

④ 风管渐缩管：圆形风管按平均直径计算，矩形风管按平均周长计算。

3. 消防工程工程量计算规则

（1）水灭火系统工程量计算规则

水喷淋、消火栓钢管等，不扣除阀门、管件及各种组件所占长度，按设计图示管道中心线长度以"m"计算。

（2）气体灭火系统工程量计算规则

无缝钢管、不锈钢管，不扣除阀门、管件及各种组件所占长度，按设计图示管道中心线长度以"m"计算。

不锈钢管管件，按设计图示数量以"个"计算（无缝钢管管件不计数量）。

（3）泡沫灭火系统工程量计算规则

碳钢管、不锈钢管、铜管，不扣除阀门、管件及各种组件所占长度，按设计图示管道中心线长度以"m"计算。

不锈钢管、铜管管件，按设计图示数量以"个"计算（碳钢管管件不计数量）。

（4）计量规则说明

喷淋系统水灭火管道，消火栓管道：室内外界限应以建筑物外墙皮 1.5m 为界，入口处设阀门者应以阀门为界；设在高层建筑物内的消防泵间管道应以泵间外墙皮为界。其与市政给水管道的界限：以与市政给水管道碰头点（井）为界。

4. 给水排水、供暖、燃气管道工程量计算规则

（1）说明

1）给水管道室内外界线划分：以建筑物外墙皮 1.5m 为界，入口处设阀门者应以阀门为界。

2）排水管道室内外界线划分：以出户第一个排水检查井为界。

3）供暖管道室内外界线划分：以建筑物外墙皮 1.5m 为界，入口处设阀门者以阀门为界。

4）燃气管道室内外界线划分：地下引入室内的管道以室内第一个阀门为界，地上引入室内的管道以墙外三通为界。

（2）给水排水、供暖、燃气工程计量规则

1）给水排水、供暖、燃气管道

管道工程量按设计图示管道中心线以"长度"计算，计量单位为"m"；管道工程量计算不扣除阀门、管件（包括减压器、疏水器、水表及伸缩器等）及附属构筑物所占长度；方形补偿器以其所占长度列入管道安装工程量。

在对本部分进行工程计量时，需注意下列问题：

① 管道安装部位，指管道安装在室内、室外的部位。

② 输送介质包括给水、排水、中水、雨水、热媒体、燃气、空调水等。

③ 铸铁管安装适用于承插铸铁管、球墨铸铁管、柔性抗震铸铁管等。塑料管安装适用于 UPVC、PVC、PP-C、PP-R、PE、PB 管等塑料管材。复合管安装适用于钢塑复合管、铝塑复合管、钢骨架复合管等复合型管道安装。直埋保温管包括直埋保温管件安装及接口保温。排水管道安装包括立管检查口、透气帽。

④ 管道安装工作内容包括警示带铺设。若管道室外埋设时，项目特征应按设计要求说明是否采用警示带。

⑤ 塑料管安装工作内容包括安装阻火圈；项目特征应说明对阻火圈设置的设计要求。

⑥ 室外管道碰头：

a. 适用于新建或扩建工程热源、水源、气源管道与原（旧）有管道碰头；

b. 室外管道碰头包括挖工作坑、土方回填或暖气沟局部拆除及修复；

c. 带介质管道碰头包括开关闸、临时放水管线铺设等费用；

d. 热源管道碰头每处包括供、回水两个接口；

e. 碰头形式指带介质碰头、不带介质碰头。室外管道碰头工程数量按设计图示以"处"计算。

⑦ 压力试验按设计要求说明试验方法，如水压试验、气压试验、泄漏性试验、闭水试验、通球试验、真空试验等。

⑧ 吹、洗按设计要求说明吹扫、冲洗方法，如水冲洗、消毒冲洗、空气吹扫等。

2）支架及其他

该分部工程包括管道支吊架、设备支吊架、套管等 3 个分项工程。

管道支架、设备支架，如是现场制作，按设计图示质量以"kg"计算；如为成品支架，按设计图示数量以"套"计算。

套管的计量按设计图示数量以"个"计算。

在对本部分进行工程计量时，需注意下列问题：

① 单件支架质量 100kg 以上的管道支吊架执行设备支吊架制作安装项目。

② 成品支吊架安装执行相应管道支吊架或设备支吊架项目，不再计取制作费，支吊架本身价值含在综合单价中。

③ 套管制作安装，适用于穿基础、墙、楼板等部位的防水套管、一般套管、人防密闭套管及防火套管等，应按类型分别列项。

3）管道附件

管道附件包括螺纹阀门、螺纹法兰阀门、焊接法兰阀门、带短管甲乙阀门、塑料阀门、减压器、疏水器、除污器（过滤器）、补偿器、软接头、法兰、水表、倒流防止器、热量表、塑料排水管消声器、浮标液面计、浮漂水位标尺等 17 个分项工程。

值得注意的是：法兰有"副""片"之分，分别适用于成对安装或单片安装的情况。

水表安装项目，用于室外井内安装时以"个"计算；用于室内安装时，以"组"计算，综合单价中包括表前阀。

一、单项选择题（每题的备选项中，只有 1 个最符合题意）

1. 依据《通用安装工程工程量计算规范》GB 50856—2013 的规定，工程量按设计图示外径尺寸以展开面积计算的通风管道是（　　）。

　　A. 碳钢通风管道

　　B. 铝板通风管道

　　C. 玻璃钢通风管道

　　D. 塑料通风管道

2. 根据《通用安装工程工程量计算规范》GB 50856—2013 的规定，附属工程中的铁构件区分名称、材质、规格，按设计图示尺寸以（　　）为计量单位。

　　A. "m"

　　B. "个"

　　C. "kg"

　　D. "m^2"

3. 线型探测器按设计图示规格以（　　）计算。

　　A. "m"

　　B. "点"

　　C. "个"

　　D. "组"

4. 依据电气设备安装工程量计算规则，配线进入箱、柜、板的预留长度应为盘面尺寸（　　）。

　　A. 高＋宽

　　B. 高

　　C. 宽

D. 按实计算

5. 利用基础钢筋作接地极，应执行的清单项目是( )。

A. 接地极项目

B. 接地母线项目

C. 基础钢筋项目

D. 均压环项目

6. 在通风管道制作安装中，对碳钢通风管根据工程量计价规范规定计算，其安装工程量的计价单位为( )。

A. "kg"

B. "t"

C. "m"

D. "m²"

7. 按照《通用安装工程工程量计算规范》GB 50856—2013 的规定，气体灭火系统中的贮存装置安装项目，包括存储器、驱动气瓶、支框架、减压装置、压力指示仪等，但不包括( )。

A. 集流阀

B. 选择阀

C. 容器阀

D. 单向阀

8. 消防系统调试中自动喷洒系统工程量( )。

A. 按水流指示器数量以"点（支路）"计算

B. 按消火栓启泵按钮数量以"点"计算

C. 按水炮数量以"点"计算

D. 按控制装置的"点"数计算

9. 依据《通用安装工程工程量计算规范》GB 50856—2013 的规定，计算通风管道制作安装工程量时，应按其设计图示以展开面积计算，其中需扣除的面积为( )。

A. 送、吸风口面积

B. 风管蝶阀面积

C. 测定孔面积

D. 检查孔面积

10. 依据《通用安装工程工程量计算规范》GB 50856—2013 的规定，给水排水、供暖、燃气工程计算管道工程量时，方形补偿器的长度计量方法正确的是( )。

A. 以所占长度列入管道工程量内

B. 以总长度列入管道工程量内

C. 列入补偿器总长度的 1/2

D. 列入补偿器总长度的 2/3

11. 光排管散热器制作安装工程计量单位为( )。

A. "组"

B. "片"

C. "m"

D. "台"

12. 计算燃气管道工程量时，管道室内外界限划分为（　　）。

A. 地上引入管以建筑物外墙皮 1.5m 为界

B. 地下引入管以进户前阀门井为界

C. 地上引入管以墙外三通为界

D. 地下引入管以室内第二个阀门为界

13. 高杆灯是指安装在高度超过（　　）m 的灯杆上的照明器具。

A. 15

B. 17

C. 19

D. 21

14. 依据消防工程工程量计算规则，报警装置、温感式水幕装置，按型号、规格以（　　）计算。

A. "组"

B. "对"

C. "个"

D. "系统"

15. 下列不按"台"计算的是（　　）。

A. 箱式配电室

B. 控制箱

C. 励磁灭磁屏

D. 直流馈电屏

16. 下列按"个"计算的是（　　）。

A. 电缆槽盒

B. 电力电缆头

C. 电缆保护管

D. 盖保护板

17. 27T 电动机为（　　）型。

A. 小型

B. 中型

C. 大型

D. 超大型

18. 下列按"块"计算的是（　　）。

A. 接地母线

B. 均压环

C. 避雷针

D. 接地极

19. 电气配管名称指的不是（　　）。

A. 电线管

B. 钢管

C. 防火管

D. 软管

20. 通风管道制作安装共包含(　　)个分项工程。

A. 10

B. 11

C. 12

D. 13

21. 通风空调设备及部件制作安装中不包含的分项工程是(　　)。

A. 净化通风管道

B. 除尘设备

C. 空调器

D. 风机盘管

22. 柔性接口不包括(　　)。

A. 金属柔性接口

B. 非金属柔性接口

C. 伸缩节

D. 补偿节

23. 点型探测器不包括(　　)。

A. 火焰

B. 烟感

C. 超声

D. 红外光束

24. 供暖管道室内外界限划分:以建筑物外墙皮(　　)m为界。

A. 1

B. 1.5

C. 2

D. 2.5

25. 排水管道室内外界限划分:以出户(　　)为界。

A. 第一个阀门

B. 第一个排水检查井

C. 以建筑物外墙皮 1.5m 为界

D. 以墙外三通为界

26. 通风工程检测、调试的计量按通风系统计算,计量单位为(　　)。

A. "系统"

B. "个"

C. "套"

D. "组"

27. 消防管道如需进行探伤，按(　　)工程相关项目编码列项。

    A. 特殊管道

    B. 消防管道

    C. 民用管道

    D. 工业管道

28. 根据工程量清单计算规范，单独安装的铁壳开关、自动开关、箱式电阻器、变阻器的外部进出线预留长度应从(　　)。

    A. 安装对象最远端子接口算起

    B. 安装对象最近端子接口算起

    C. 安装对象下端往上 2/3 处算起

    D. 安装对象中心算起

29. 依据工程量清单计算规范的规定，利用基础钢筋作接地极，应执行的清单项目是(　　)。

    A. 接地极项目

    B. 接地母线项目

    C. 基础钢筋项目

    D. 均压环项目

30. 某住宅楼供暖干管平面如图，采用焊接钢管。公称尺寸≤$DN32$，用螺纹连接；公称尺寸>$DN32$，用焊接连接。计算图中管道的清单工程量。1/B 轴处墙厚为 120mm，其余墙厚为 240mm。供水总立管至 A 轴处外墙内表面的距离为 0.2m，供水总立管距④轴处外墙内表面的距离为 0.2m，立管 1/N 距②轴处内墙内表面的距离为 0.1m，立管 3/N 至 1/B 轴内墙内表面的距离为 0.1m，立管 4/N 至 C 轴内墙内表面的距离为 0.1m。则 $DN32$、$DN40$、$DN50$ 的管道清单工程量分别是(　　)m。

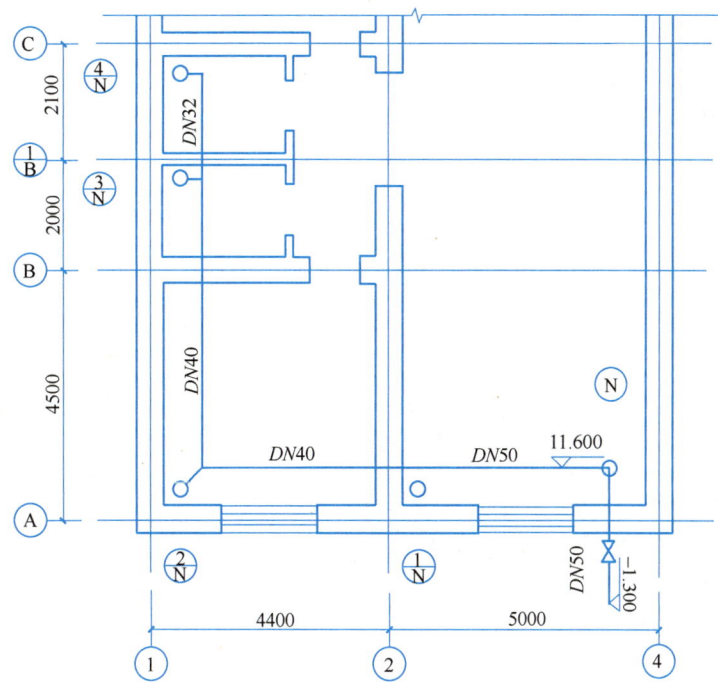

A. 2.16；10.56；17.8

B. 2.04；10.32；19.3

C. 2.16；10.32；17.8

D. 2.24；10.64；6.2

31. 刷油、防腐、绝热工程的基本安装高度为(　　)m。

A. 10

B. 6

C. 3.6

D. 5

32. 计量单位为"t"的是(　　)

A. 烟气换热器

B. 真空皮带脱水机

C. 吸收塔

D. 旋流器

33. 依据《通用安装工程工程量计算规范》GB 50856—2013，室外给水管道与市政管道界限划分应(　　)。

A. 以项目区入口水表井为界

B. 以项目区围墙外1.5m为界

C. 以项目区围墙外第一个阀门为界

D. 以市政管道碰头井为界

34. 按照《通用安装工程工程量计算规范》GB 50856—2013的规定，气体灭火系统中的贮存装置安装项目，包括存储器、驱动气瓶、支框架、减压装置、压力指示仪等，但不包括(　　)。

A. 集流阀

B. 选择阀

C. 容器阀

D. 单向阀

35. 依据《通用安装工程工程量计算规范》GB 50856—2013，项目安装高度若超过基本高度时，应在"项目特征"中描述。对于附录G通风空调工程，其基本安装高度为(　　)m。

A. 3.6

B. 5

C. 6

D. 10

36. 依据《通用安装工程工程量计算规范》GB 50856—2013的规定，工程量按设计图示外径尺寸以展开面积计算的通风管道是(　　)。

A. 碳钢通风管道

B. 铝板通风管道

C. 玻璃钢通风管道

D. 塑料通风管道

37. 依据《通用安装工程工程量计算规范》GB 50856—2013 的规定，给水排水、供暖、燃气工程计算管道工程量时，方形补偿器的长度计量方法正确的是(　　)。

A. 以所占长度列入管道工程量内

B. 以总长度列入管道工程量内

C. 列入补偿器总长度的 1/2

D. 列入补偿器总长度的 2/3

38. 依据《通用安装工程工程量计算规范》GB 50856—2013 的规定，利用基础钢筋作接地极，应执行的清单项目是(　　)。

A. 接地极项目

B. 接地母线项目

C. 基础钢筋项目

D. 均压环项目

39. 依据《通用安装工程工程量计算规范》GB 50856—2013，室外给水管道与市政管道界限划分应为(　　)。

A. 以项目区入口水表井为界

B. 以项目区围墙外 1.5m 为界

C. 以项目区围墙外第一个阀门为界

D. 以市政管道碰头井为界

40. 在计算管道工程的工程量时，室内外管道划分界限为(　　)。

A. 给水管道、入口设阀门者以阀门为界，排水管道以建筑物外墙皮 1.5m 为界

B. 给水管道以建筑物外墙皮 1.5m 为界限，排水管道以出户第一个排水检查井为界

C. 供暖管道以建筑物外墙皮 1.5m 为界，排水管道以墙外三通为界

D. 燃气管道以地上引入室内第一个阀门为界，供暖管道、入口处设阀门者以阀门为界

41. 在供暖主干管的工程量计算规则中，错误的是(　　)。

A. 供暖系统干管应包括供水干管与回水干管两部分

B. 计算时应从底层供暖管道入口处开始，沿着干管走向，直到建筑内部各干管末端为止

C. 计算时应先从小管径开始，逐步计算至大管径

D. 主干立管应按照管道系统轴测图中所注标高计算

42. 某工程现场制作安装 600mm×500mm 木质配电盘两块，其盘内低压电器元件之间的连接线为 6 根。则其盘内配线工程量是(　　)。

A.6.6m

B.7.2m

C.13.2m

D.14m

43. 依据《通用安装工程工程量计算规范》GB 50856—2013，给水排水、供暖、燃气

工程工程量计量规则,以下关于室外管道碰头叙述正确的是(　　)。

A. 不包括挖工作坑,土方回填

B. 带介质管道碰头不包括开关闸,临时放水管线铺设

C. 适用于新建或扩建工程热源、水源、气源管道与原(旧)有管道铺设

D. 热源管道碰头供、回水接口分别计算

44. 焊接盲板(封头)按管件连接计算工程量,工程计量单位是(　　)。

A. "口"

B. "张"

C. "片"

D. "个"

45. 自动化控制仪表安装工程中,热电偶温度计安装工程量的计量单位为(　　)。

A. "个"

B. "套"

C. "台"

D. "支"

46. 下列分项工程中,按设计图示数量,以"个"为计量单位的是(　　)。

A. 风机盘管

B. 空调器

C. 人防过滤吸收器

D. 挡水板

47. 既可以"m"计量,按设计图示中心线以"长度"计算,又可以"节"计量,按设计图示数量计算的是(　　)。

A. 弯头导流叶片

B. 柔性软风管

C. 风管检查孔

D. 温度、风量测定孔

48. 电缆敷设有敷设弛度、波浪弯度及交叉时,电缆预留长度应为(　　)倍电缆全长。

A. 1.5%

B. 2.5%

C. 3.9%

D. 3.5%

49. 根据《通用安装工程工程量计算规范》GB 50856—2013,下列项目以"m"为计量单位的是(　　)。

A. 碳钢通风管

B. 塑料通风管

C. 柔性软风管

D. 净化通风管

50. 依据《通用安装工程工程量计算规范》GB 50856—2013,下列给水排水、供暖、燃气工程管道附加件中按设计图示数量以"个"计算的是(　　)。

A. 倒流防止器

B. 除污器

C. 补偿器

D. 疏水器

51. 依据《通用安装工程工程量计算规范》GB 50856—2013，干湿两用报警装置清单项目不包括( )。

A. 压力开关

B. 排气阀

C. 水力警铃进水管

D. 装配管

52. 依据《通用安装工程工程量计算规范》GB 50856—2013，中压锅炉烟、风、煤管道安装应根据项目特征，按设计图示计算。其计量单位为( )。

A. "t"

B. "m"

C. "m^2"

D. "套"

53. 依据《通用安装工程工程量计算规范》GB 50856—2013 的规定，高压管道检验编码应列项在( )。

A. 工业管道工程项目

B. 措施项目

C. 给水排水工程项目

D. 供暖工程项目

54. [2019年浙江] 风管制作安装以施工图规格不同按展开面积计算，不扣除以下哪项所占面积( )。

A. 消声器

B. 静压箱

C. 风阀

D. 风口

55. [2019年浙江] 某办公室配电箱内空气开关出线为 BV6mm²，其接线应执行( )定额。

A. 有端子外部接线

B. 无端子外部接线

C. 焊铜接线端子导线截面面积≤16mm²

D. 包含在配电箱安装定额中

二、多项选择题（每题的备选项中，有2个或2个以上符合题意，至少有1个错项）

1. 依据《通用安装工程工程量计算规范》GB 50856—2013 的规定，风管工程量中风管长度一律以设计图示中心线长度为准。风管长度中包括( )。

A. 弯头长度

B. 三通长度

C. 天圆地方长度

D. 部件长度

E. 变径管长度

2. 据《通用安装工程工程量计算规范》GB 50856—2013，电器照明工程中按设计图示数量以"套"为计量单位的有（　　）。

A. 荧光灯

B. 接线箱

C. 桥架

D. 高度标志（障碍）灯

E. 高杆灯

3. 依据《通用安装工程工程量计算规范》GB 50856—2013，通风空调工程中过滤器的计量方式有（　　）。

A. 以"台"计量，按设计图示数量计算

B. 以"个"计量，按设计图示数量计算

C. 以"面积"计量，按设计图示尺寸的过滤面积计算

D. 以"面积"计量，按设计图示尺寸计算

E. 以"系统"计量，按设计通风系统计算

4. 依据《通用安装工程工程量计算规范》GB 50856—2013，消防工程工程量计算时，下列装置按"组"计算的有（　　）。

A. 消防水炮

B. 报警装置

C. 末端试水装置

D. 温感式水幕装置

E. 室内、外消火栓

5. 根据《通用安装工程工程量计算规范》GB 50856—2013，电力电缆安装工程计量单位正确的为（　　）。

A. 电力电缆、控制电缆，"m"

B. 电缆保护管，"个"

C. 电力电缆头，"个"

D. 防火隔板，"个"

E. 电缆槽盒，"m"

6. 根据水灭火系统工程量计算规则，末端试水装置的安装应包括（　　）。

A. 压力表安装

B. 控制阀等附件安装

C. 连接管安装

D. 排水管安装

E. 泄水管安装

7. 在计算管道工程的工程量时，给水管道室内外划分界限为（　　）。

A. 入口设阀门者以阀门为界

B. 建筑物外墙皮 1.5m 为界

C. 墙外三通为界

D. 室内第一个阀门为界

E. 室外第一个阀门为界

8. 按通用工程量清单计算规范规定，下列给水排水、供暖、燃气管道工程量计算规则正确的为(　　)。

A. 室外管道碰头工程数量按设计图示尺寸以"处"计算

B. 排水管道安装不包括立管检查口

C. 管道工程量计算扣除阀门所占长度

D. 管道工程量计算不扣除管件及附属构筑物所占长度

E. 排水管道安装不包括透气帽

9. 配线保护管遇到下列(　　)情况之一时，应增设管路接线盒和拉线盒。

A. 导管长度每大于 40m，无弯曲

B. 导管长度每大于 30m，有 1 个弯曲

C. 导管长度每大于 20m，有 2 个弯曲

D. 导管长度每大于 10m，有 3 个弯曲

E. 管内导线截面为 50mm 及以下，长度每超过 100m

10. 柔性软风管的计量方式有(　　)。

A. 以"具"计量

B. 以"个"计量

C. 以"段"计量

D. 以"m"计量

E. 以"节"计量

11. 根据《通用安装工程工程量计量规范》GB 50856—2013 的规定，清单项目的五要素有(　　)。

A. 项目名称

B. 项目特征

C. 计量单位

D. 工程量计算规则

E. 序号

12. 依据《通用安装工程工程量计量规范》GB 50856—2013，对于在工业管道主管上挖眼接管的三通，下列关于工程量计量表述正确的有(　　)。

A. 三通不计算管件制作工程量

B. 三通支线管径小于主管径的 1/2 时，不计算管件安装工程量

C. 三通以支管径计算管件安装工程量

D. 三通以主管径计算管件安装工程量

13. 依据《通用安装工程工程量计量规范》GB 50856—2013，机械设备安装工程量计量时，以"台"为计量单位的项目有(　　)

A. 离心式泵安装

B. 刮板输送机安装

C. 交流电梯安装

D. 离心式压缩机安装

14. 依据《通用安装工程工程量计算规范》GB 50856—2013 的规定，自动报警系统调试按系统计算。其报警系统包括探测器、报警器、消防广播及(　　)。

A. 报警控制器

B. 防火控制阀

C. 报警按钮

D. 消防电话

15. 根据《通用安装工程工程量计算规范》GB 50856—2013，给水排水、供暖管道室内外界限划分正确的有(　　)。

A. 给水管以建筑物外墙皮 1.5m 为界，入口处设阀门者以阀门为界

B. 排水管以建筑物外墙皮 3m 为界，有化粪池时以化粪池为界

C. 供暖管地下引入室内以室内第一个阀门为界，地上引入室内以墙外三通为界

D. 供暖管以建筑物外墙皮 1.5m 为界，入口处设阀门者以阀门为界

16. 依据《通用安装工程工程量计算规范》GB 50856—2013，防火控制装置调试项目中计量单位以"个"计量的有(　　)。

A. 电动防火门调试

B. 防火卷帘门调试

C. 瓶头阀调试

D. 正压送风阀调试

17. 根据《通用安装工程工程量计算规范》GB 50856—2013，燃气管道工程量计算时，管道室内外界划分为(　　)。

A. 地上引入管以建筑物外墙皮 1.5m 为界

B. 地下引入管以进户前阀门井为界

C. 地上引入管以墙外三通为界

D. 地下引入管以室内第一个阀门为界

18. 消防工程以"组"为单位的有(　　)。

A. 湿式报警装置

B. 压力表安装

C. 末端试水装置

D. 试验管流量计安装

19. 下列关于通风空调工程计量规则的说法，正确的有(　　)。

A. 柔性软风管的计量有两种方式，以"m"计量，按设计图示中心线以长度计算；以"节"计量，按设计图示数量计算

B. 风管检查孔的计量在以"千克"计量时，按风管检查孔质量计算；以"个"计量时，按设计图示数量计算

C. 柔性接口按设计图示尺寸以展开面积计算，计量单位为"m²"

D. 消声器，人防超压自动排气阀，人防手动密闭阀等部分的工程量计算规则按设

计图示数量计算，以"组"为计量单位

E. 人防手动密闭阀等部分的工程量计算规则是按设计图示数量计算，以"组"为计量单位

20. 衬里钢管的预制安装包括（　　）。

A. 直管预安装

B. 法兰预安装

C. 弯管拆除

D. 法兰拆除

E. 板卷管制作

21. 关于工业管道工程计量，下列说法正确的有（　　）。

A. 工业管道工程不适用于生活共用的输送给水、燃气的管道安装工程

B. 阀门按材质、规格、型号、连接方式等，按设计图示数量以"个"计算

C. 外套碳钢管如焊接在不锈钢内套管上时，焊口间需加不锈钢短管衬垫，每处焊口按一个管件计算

D. 冷排管制作安装按设计图示长度以"m"计算，分、集汽（水）缸按设计图示数量以"台"计算

E. 挖眼接管的三通支线管径小于主管径 1/3 时，不计算管件安装工程量

22. 根据《通用安装工程工程量计算规范》GB 50856—2013，下列部件按工业管道工程相关项目编码列项的有（　　）。

A. 电磁阀

B. 节流装置

C. 消防控制

D. 取源部件

23. 配线保护管需增设管路接线盒和拉线盒的情况有（　　）。

A. 导管长度每大于 20m，有 2 个弯曲

B. 导管长度每大于 30m，有 1 个弯曲

C. 导管长度每大于 5m，有 4 个弯曲

D. 导管长度每大于 10m，有 3 个弯曲

E. 导管长度每大于 40m，有 1 个弯曲

24. 下列各项属于小电器的有（　　）。

A. 分流器

B. 继电器

C. 小型安全变压器

D. 低压熔断器

E. 风机盘管三速开关

25. 在工程计量中，下列各项需按"个"计算的有（　　）。

A. 配线架

B. 集线器

C. 信息插座

D. 光纤盒区

E. 交换机

26. 关于工程计量时每一项目汇总工程量的有效位数应遵守的规定，下列说法正确的有( )。

A. 以"m"为单位，应保留三位小数，第四位小数四舍五入

B. 以"t"为单位，应保留三位小数，第四位小数四舍五入

C. 以"m²"为单位，应保留两位小数，第三位小数四舍五入

D. 以"kg"为单位，应保留两位小数，第三位小数四舍五入

E. 以"组""系统"为单位，应取整数

27. 配电装置中，以组为计量单位的是( )。

A. 隔离开关

B. 高压熔断器

C. 互感器

D. 避雷器

E. 暖风器

28. 依据《通用安装工程工程量计算规范》GB 50856—2013 的规定，中压锅炉及辅助设备安装工程量计量时，以"只"为计量单位的项目有( )。

A. 省煤器

B. 煤粉分离器

C. 暖风器

D. 旋风分离器

E. 避雷器

答案与解析

一、单项选择题

1. C；　2. C；　3. A；　4. A；　5. D；　6. D；　7. B；　8. A；　9. B；　10. A；
11. C；　12. C；　13. C；　14. A；　15. A；　16. B；　17. B；　18. D；　19. C；　20. B；
21. A；　22. D；　23. C；　24. B；　25. D；　26. A；　27. D；　28. D；　29. D；　30. B；
31. B；　32. C；　33. D；　34. B；　35. C；　36. C；　37. A；　38. D；　39. D；　40. B；
41. C；　42. C；　43. C；　44. D；　45. D；　46. D；　47. B；　48. B；　49. C；　50. C；
51. C；　52. A；　53. B；　54. D；　55. A

二、多项选择题

1. ABCE；　2. AD；　3. AC；　4. BCD；　5. ACE；　6. AB；　7. AB；
8. AD；　9. ABCD；　10. DE；　11. ABC；　12. ABD；　13. ABD；　14. ACD；
15. AD；　16. ABD；　17. CD；　18. AC；　19. ABC；　20. ABD；　21. BD；
22. ABD；　23. ABD；　24. BC；　25. ACD；　26. BCDE；　27. ABD；　28. BC

单选解析

多选解析

第 3 节　安装工程工程量清单的编制

复习要点

1. 安装工程工程量清单的编制概述

（1）安装工程工程量清单的编制依据

① 工程量清单计价规范和工程量计算规范；

② 国家或省级、行业建设主管部门颁发的计价定额和办法；

③ 建设工程设计文件及相关资料；

④ 与建设工程相关的标准、规范、技术资料；

⑤ 拟定的招标文件；

⑥ 施工现场情况、地勘水文资料、工程特点及常规施工方案；

⑦ 其他相关资料。

（2）安装工程工程量清单编制的流程

准备工作（初步研究、现场踏勘、拟定常规施工组织设计）、计算工程量（划分项目、确定清单项目名称、编码、计算工程量）、编制工程量清单。

（3）安装工程工程量清单的装订顺序

封面、扉页、总说明、分部分项工程和单价措施项目清单与计价表、总价措施项目清单与计价表、其他项目清单与计价汇总表、规费税金项目计价表、发包人提供材料和工程设备一览表、承包人提供主要材料和工程设备一览表。

2. 安装工程工程量清单编制示例

① 暂列金额是指招标人在工程量清单中暂定并包括在合同价款中的一笔款项，用于工程合同签订时尚未确定或者不可预见的所需材料、工程设备、服务的采购，施工中可能发生的工程变更、合同约定调整因素出现时的合同价款调整，以及发生的索赔、现场签证确认等的费用。暂列金额由招标人根据工程特点、工期长短按相关计价规定进行估算确定，一般可以分部分项工程费的 10%～15% 为参考。

② 暂估价是指招标人在工程量清单中提供的用于支付必然发生但暂时不能确定价格的材料、工程设备以及专业工程的金额，包括材料暂估单价、工程设备暂估单价、专业工程暂估价。

③ 计日工是指在施工过程中，承包人完成发包人提出的合同范围以外的零星项目或工作，按合同中约定的综合单价计价。

④ 总承包服务费是指总承包人为配合协调发包人进行的专业工程发包，对发包人自行

采购的材料、工程设备等进行保管以及施工现场管理、竣工资料汇总整理等服务所需的费用。

一、单项选择题 (每题的备选项中，只有1个最符合题意)

1. 为使工程量清单更加合理并具有公平性，通常安装工程工程量清单的编制应遵循一定程序，在现场踏勘完毕后，应(　　)。

　　A. 划分项目

　　B. 拟定常规施工组织设计

　　C. 计算工程量

　　D. 开始编制清单

2. 安装工程工程量清单编制的准备工作不包括(　　)。

　　A. 初步研究

　　B. 现场踏勘

　　C. 拟定常规施工组织设计

　　D. 参加标前会议

3. 安装工程工程量清单的装订顺序，首先是(　　)。

　　A. 扉页

　　B. 总说明

　　C. 封面

　　D. 发包人提供材料和工程设备一览表

4. 依据《通用安装工程工程量计算规范》GB 50856—2013，安装工程分类编码体系中，第一、二级编码为0308，表示(　　)。

　　A. 电器设备安装工程

　　B. 通风空调工程

　　C. 工业管道工程

　　D. 消防工程

5. 依据《通用安装工程工程量计算规范》GB 50856—2013的规定，项目编码设置中的第四级编码的数字位数及表示含义为(　　)。

　　A. 2位数，表示各分部工程顺序码

　　B. 2位数，表示各分项工程顺序码

　　C. 3位数，表示各分部工程顺序码

　　D. 3位数，表示各分项工程顺序码

6. 依据《通用安装工程工程量计算规范》GB 50856—2013的规定，"给水排水、供暖、燃气工程"的编码为(　　)。

　　A. 0310

　　B. 0311

　　C. 0312

　　D. 0313

7. (　　)是分部分项工程项目、措施项目、其他项目的名称、单位和相应数量以及规费、税金项目等内容的明细详单。

  A. 计价规范

  B. 工程量清单

  C. 计算规则

  D. 分部分项工程量清单

  8. 工程量计算是工程计价工作的前提，也是编制工程招标投标文件的基础工作，约占整个工作量的（　　）。

  A. 50%～70%

  B. 60%～80%

  C. 60%～70%

  D. 50%～80%

二、多项选择题（每题的备选项中，有 2 个或 2 个以上符合题意，至少有 1 个错项）

  1. 下列选项中，属于其他项目费编制内容的有（　　）。

  A. 安全文明施工费

  B. 暂列金额

  C. 规费

  D. 计日工

  E. 总承包服务费

  2. 编制工程量清单时，安装工程工程量清单计量依据的文件包括（　　）。

  A. 经审定通过的项目可行性研究报告

  B. 国家或省级、行业建设主管部门颁发的现行计价依据和办法

  C. 常规施工方案

  D. 拟定的招标文件

  E. 经批准的项目建议书

  3. 依据《通用安装工程工程量计算规范》GB 50856—2013，下列项目中属于安全文明施工及其他措施项目的有（　　）。

  A. 已完工程及设备保护

  B. 有害化合物防护

  C. 高浓度氧气防护

  D. 高层施工增加

  4. 根据《通用安装工程工程量计算规范》GB 50856—2013 的规定，清单项目的五要素有（　　）。

  A. 项目名称

  B. 项目特征

  C. 计量单位

  D. 工程量计量规则

  E. 施工单位

  5. 依据《通用安装工程工程量计算规范》GB 50856—2013，措施项目清单中，关于

高层施工增加的规定，正确的表述有(　　)。

A. 单层建筑物檐口高度超过 20m，应分别列项

B. 多层建筑物超过 8 层时，应分别列项

C. 突出主体建筑物顶的电梯机房、水箱间、排烟机房等不计入檐口高度

D. 计算层数时，地下室不计入层数

E. 计算层数时，地下室计入层数

6. 依据《通用安装工程工程量计算规范》GB 50856—2013，其他项目清单中的暂列金额包括(　　)

A. 工程合同签订时尚未确定或者不可预见的所需材料、工程设备、服务的采购等费用

B. 施工过程中出现质量问题或事故的处理费用

C. 施工中可能发生工程变更所需的费用

D. 合同约定调整因素出现时的合同价款调整及发生的索赔、现场签证确认等的费用

7. 属于专业措施项目的有(　　)

A. 行车梁加固

B. 电缆试验

C. 地震防护

D. 顶升装置拆除安装

8. 总说明的作用主要是阐明本工程的有关基本情况，下列选项中属于总说明的内容有(　　)。

A. 工程概况

B. 项目资金流动情况

C. 工程招标和分包范围

D. 工程质量、材料、施工等的特殊要求

E. 招标人自行采购材料的名称、规格型号、数量等

答案与解析

一、单项选择题

1. B;　2. D;　3. C;　4. C;　5. D;　6. A;　7. B;　8. A

二、多项选择题

1. BDE;　2. BCD;　3. AD;　4. ABC　5. ACD;　6. ACD;　7. ACD;　8. ACDE

单选解析

多选解析

第 4 节　计算机辅助工程量计算

复习要点

1. 安装工程图形算量

略。

2. BIM 技术在安装工程中的应用

BIM 是以建筑工程项目的各项相关信息数据为基础建立的数字化建筑模型，其具有可视化、协调性、模拟性、优化性和可出图性五大特点。首先，BIM 技术采用以数据为中心的协作方式，实现数据共享，这大大提高了建筑行业的工效；其次是能够提升建筑品质，实现绿色、模拟的设计和建造。BIM 技术对工程造价信息化建设将带来巨大影响，对工程量的计算适用于工程计价和工程造价管理的计量要求。其不仅能够使工程造价管理与设计工作关系更加密切，交互的数据信息更加丰富，相互作用更加明显，而且可以实现施工过程中工程造价的动态管理的可视化、可控化。

一、单项选择题（每题的备选项中，只有 1 个最符合题意）

1. BIM 可以对招标投标文件、工程量清单、进度审核预算等进行汇总，便于成本测算和工程款的支付，这指的是 BIM 在（　　）的应用。
   A. 施工阶段
   B. 竣工验收阶段
   C. 招标投标阶段
   D. 设计阶段

2. BIM 表示图形的特点不包括（　　）。
   A. 可视化
   B. 协调性
   C. 组织性
   D. 模拟性

3. BIM（　　）即"所见即所得"的形式。
   A. 优化性
   B. 模拟性
   C. 可视化
   D. 协调性

4. BIM 是（　　）。
   A. 建筑信息模型
   B. 工程信息模型
   C. 建筑信息管理
   D. 以上都是

5. 下列选项中，对 BIM 英文全称及中文翻译均正确的是( )。

A. Building Information Mode，建筑信息模型

B. Building Information Management，建筑信息管理

C. Building Information Modeling，建筑数字模型

D. Building Information Modeling，建筑信息模型化

二、多项选择题（每题的备选项中，有 2 个或 2 个以上符合题意，至少有 1 个错项）

1. 下列哪项是 BIM 英文全称的正确说法( )。

A. Building Information Modeling

B. Building Information Model

C. Building Information Manager

D. Building Information Management

E. Building Information Mode

2. 从 BIM 应用的角度看，BIM 在建筑对象全生命周期内具备的基本特征是( )。

A. 可视化

B. 协调性

C. 模拟性

D. 优化性

E. 不可出图性

3. 构件汇总报表包括( )。

A. 工程量汇总表

B. 工程量计算书

C. 工程量分类表

D. 工程量明细表

E. 工程量统计表

4. 下列属于 BIM 技术特点的是( )。

A. 不可出图性

B. 协调性

C. 参数化

D. 数字化

E. 便利化

5. 下列属于 BIM 技术在发承包阶段应用的包括( )。

A. 工程量清单编制

B. 成本计划管理

C. 最高投标报价编制

D. 设计概算的编审

E. 投标报价

答案与解析

一、单项选择题

1. A；　2. C；　3. C；　4. A；　5. D

二、多项选择题

A. AB；　2. ABCD；　3. ABD；　4. BC；　5. AC

单选解析

多选解析

第3章 安装工程计价

第1节 安装工程预算定额的分类、适用范围、调整与应用

复习要点

1. 安装工程预算定额的分类和适用范围

按主编单位和管理权限分	全国统一定额	指综合全国基本建设的生产技术和施工组织、生产劳动的一般情况编制，并在全国范围内执行的定额
	行业统一定额	指考虑到各行业专业工程技术特点，以及施工生产和管理水平编制的定额。一般是只在本行业和相同专业性质的范围内使用
	地区定额	指考虑地区性特点和统一定额水平的条件下编制的，只在规定的地区范围内使用的定额
	企业定额	指根据本企业的施工技术、机械装备和管理水平编制的人工、材料、机械台班等的消耗标准。企业定额在企业内部使用，是企业综合素质的标志。企业定额水平一般高于国家现行定额才能满足生产技术发展、企业管理和市场竞争的需要
按专业对象分	电气设备安装工程定额、机械设备安装工程定额、热力设备安装工程定额、通信设备安装工程定额等	
按表现形式分	消耗量定额、基价定额和综合单价定额	

2. 安装工程预算定额的调整和应用方法

预算定额一般反映的是定额编制期的价格水平，定额价格调整主要包括人工、材料和机械价格的调整。

一、单项选择题（每题的备选项中，只有 1 个最符合题意）

1. 某电气工程在楼板内敷设 JDG 薄壁钢管 DN25，工程量为 1.0m，预算定额表中人工综合 0.068 工日，定额人工单价 82 元/工日（市场价格为 100 元/工日），材料费 1.43元，JDG 薄壁钢管为 1.03m（施工期市场价为 6 元/m），机械费 0.21 元，则该分项工程预算单价为（   ）。

    A. 7.22 元

    B. 8.44 元

    C. 13.50 元

    D. 14.62 元

2. 人工工资指导价一般每年发布（   ）。

    A. 一次

    B. 两次

    C. 四次

D. 六次

　　3. 下列关于人工费的计算和调整，说法错误的是（　　）。

　　　　A. 人工工资指导价是建设工程编制概预算、最高投标限价的依据，是施工企业投标报价的参考

　　　　B. 建设单位应在招标文件中考虑人工工资指导价调整因素

　　　　C. 应在招标文件中明确约定人工费调整方法

　　　　D. 人工工资指导价作为动态反映市场用工成本变化的价格要素，计入定额基价

　　4. （　　）是建设单位编制预算、标底和解决造价争议的依据，是施工企业投标报价的参考信息。

　　　　A. 指导价

　　　　B. 定额预算价

　　　　C. 信息价

　　　　D. 参考价

　　5. 反映市场用工成本变化的价格要素，计入定额基价，并计取相关费用的是（　　）。

　　　　A. 人工工资指导价

　　　　B. 人工工资单价

　　　　C. 人工费

　　　　D. 人工计日价

　　6. 给水管道的室内外界线以建筑物外墙皮 1.5m 为界，入口处设阀门者以（　　）为界。

　　　　A. 阀门

　　　　B. 碰头点

　　　　C. 外墙皮

　　　　D. 检查井

　　7. ［2019 年浙江］某住宅小区消火栓室外管网采用镀锌钢管螺纹连接，其消火栓室外管道应执行（　　）定额。

　　　　A. 第九册《消防工程》水喷淋镀锌钢管螺纹连接

　　　　B. 第九册《消防工程》消火栓镀锌钢管螺纹连接

　　　　C. 第十册《给水排水、供暖、燃气工程》室外镀锌钢管螺纹连接

　　　　D. 第十册《给水排水、供暖、燃气工程》室内镀锌钢管螺纹连接

　　8. ［2019 年浙江］关于刷油、防腐蚀绝热工程计价，下列说法错误的是（　　）。

　　　　A. 如设计要求保温厚度小于 100mm 需分层随工时，保温工程量也应分层计算工程量

　　　　B. 槽钢 400×100×10.5 刷油，执行一般钢结构刷油的相应定额

　　　　C. 直径 DN25 以内的阀门保温，已包括在管道保温定额中，不得重复计算

　　　　D. 标志色环等零星刷油执行相应的刷油定额，其人工费乘以系数 2.0

二、多项选择题（每题的备选项中，有 2 个或 2 个以上符合题意，至少有 1 个错项）

　　1. 按编制单位和适用范围分类，可将建设工程定额分为（　　）。

A. 国家定额

B. 建筑工程定额

C. 行业定额

D. 地区定额

E. 企业定额

2. 安装定额项目表包括的内容有(　　)。

A. 定额编号

B. 子目名称

C. 计量单位

D. 清单综合单价

E. 项目特征

3. 安装工程预算定额可按照(　　)划分为不同类型。

A. 主编单位

B. 工作内容

C. 管理权限

D. 专业对象

E. 表现形式

4. 安装工程按定额表现形式主要分为(　　)。

A. 单价定额

B. 消耗量定额

C. 基价定额

D. 综合单价定额

E. 成本定额

5. [2019年浙江]下列哪些安装定额子目不包括支架制作安装的是(　　)。

A. 消声器安装

B. 过滤吸收器安装

C. 滤尘器安装

D. 静压箱吊装

E. 诱导器吊装

6. [2019年浙江]关于管道安装定额,以下说法错误的是(　　)。

A. 室内钢塑给水管沟槽连接执行室内钢管沟槽连接的相应定额

B. 安装工程室外铸铁给水管(胶圈接口)工作内容已包括管道及管件安装、水压试验及水冲洗

C. 工业管道直管段长度超过40m的管道安装,其管道主材含量按施工图设计用量加规定的损耗量计算

D. 电器工程中,多孔梅花管安装以梅花管外径参照相应的塑料管定额,基价乘以系数1.3

E. 电器配管管外壁防腐保护执行第十二册《刷油、防腐蚀、绝热工程》相应规定

答案与解析

一、单项选择题

1. C；　2. B；　3. C；　4. A；　5. A；　6. A；　7. C；　8. B

二、多项选择题

1. ACDE；　　2. ABC；　　3. ACDE；　　4. BCD；　　5. BCD；　　6. CD

单选解析

多选解析

第 2 节　安装工程费用定额的适用范围及应用

复习要点

1. 安装工程费用定额的适用范围

安装工程费用定额主要包括安装工程费用项目构成和计算方法等内容，按照主编单位和管理权限可以划分为国家层面的费用定额和地区费用定额。

2. 安装工程费用定额应用方法

工程量清单法计算程序分为一般计税法和简易计税法。

① 采用一般计税方法计算增值税。当采用一般计税方法时，现行建筑业增值税税率为 10%。计算公式为：税金＝增值税＝税前造价×10%。

税前造价为人工费、材料费、施工机具使用费、企业管理费、利润和规费之和，各费用项目均以不包含增值税可抵扣进项税额的价格计算。当采用价目表或信息价中的价格时，应采用不含可抵扣进项税额的价格；若为含税价格应进行除税处理，处理的方法为：不含税价格＝含税价格／（1＋适用税率）。

需要注意的是，此处增值税即为计入建筑安装工程费用的税金，城市维护建设税、教育费附加、地方教育费附加均在管理费中核算，包含在管理费率中。

② 采用简易计税方法计算增值税

根据税法规定，当可以采用简易计税方法时，建筑业增值税税率（增收率）为 3%。计算公式为：增值税＝税前造价×3%。

税前造价为人工费、材料费、施工机具使用费、企业管理费、利润和规费之和，各费用项目均以包含增值税进项税额的含税价格计算。

需要注意的是，此处的增值税不是计入建筑安装工程费的税金全部内容。采用简易计税方法时，城市维护建设税、教育费附加、地方教育费附加不在管理费中核算，其费率也不包含在管理费费率中，需要在税金中核算，即税金应包括增值税、城市维护建设税、教育费附加、地方教育费附加。

一、单项选择题（每题的备选项中，只有1个最符合题意）

1. 根据一般计税方法，（ ）是指根据建筑服务销售价格，按规定税率计算的增值税销项税额。

A. 印花税

B. 税金

C. 利润

D. 规费

2. 根据"建标〔2013〕44号"文件的规定，安装工程利用（ ）进行招标控制价、投标报价和竣工结算的计价程序。

A. 施工定额

B. 企业定额

C. 费用定额

D. 预算定额

3. 编制安装工程施工图预算，下列公式错误的是（ ）。

A. 总价措施项目费＝分部分项工程费＋单价措施项目费

B. 单价措施项目费＝∑措施项目部工程量×定额的综合单价

C. 措施项目费＝单价措施项目费＋总价措施项目费

D. 分部分项工程费＝∑分项工程量×定额的综合单价

4. 分部分项工程费中综合单价包括（ ）。

A. 人工费

B. 措施项目费

C. 其他项目费

D. 规费

二、多项选择题（每题的备选项中，有2个或2个以上符合题意，至少有1个错项）

1. 增值税的计税方法包括（ ）。

A. 一般计税方法

B. 简易计税方法

C. 复杂计税方法

D. 特殊计税方法

E. 累进计税方法

2. 安装工程费用定额按照主编单位和管理权限也可以划分为（ ）。

A. 企业定额

B. 预算定额

C. 国家层面的费用定额

D. 施工定额

E. 地区费用定额

3.《建筑安装工程费用项目组成》的通知（建标〔2013〕44 号）规定了我国建筑安装工程费用项目按两种不同的方式进行划分，即按（　　　）划分。

    A. 专业对象

    B. 费用构成要素

    C. 按造价形成

    D. 表现形式

    E. 管理权限

答案与解析

一、单项选择题

1. B；   2. C；   3. A；   4. A

二、多项选择题

1. AB；   2. CE；   3. BC

单选解析

多选解析

第 3 节　安装工程施工图预算的编制

复习要点

1. 安装工程施工图预算的编制概述

（1）安装工程施工图预算编制的依据

① 国家、行业和地方相关规定；

② 经过批准和会审的施工图设计文件及相关标准图集；

③ 施工组织设计和施工方案；

④ 项目相关文件、合同、协议等；

⑤ 工程所在地的人工、材料、设备、施工机械市场价格；

⑥ 与施工图预算计价模式相关的计价依据；

⑦ 项目的管理模式、发包模式及施工条件；

⑧ 工程招标文件、招标工程量清单、工程合同或协议书；

⑨ 预算工作手册等工具书和资料。

（2）安装工程施工图预算编制的流程

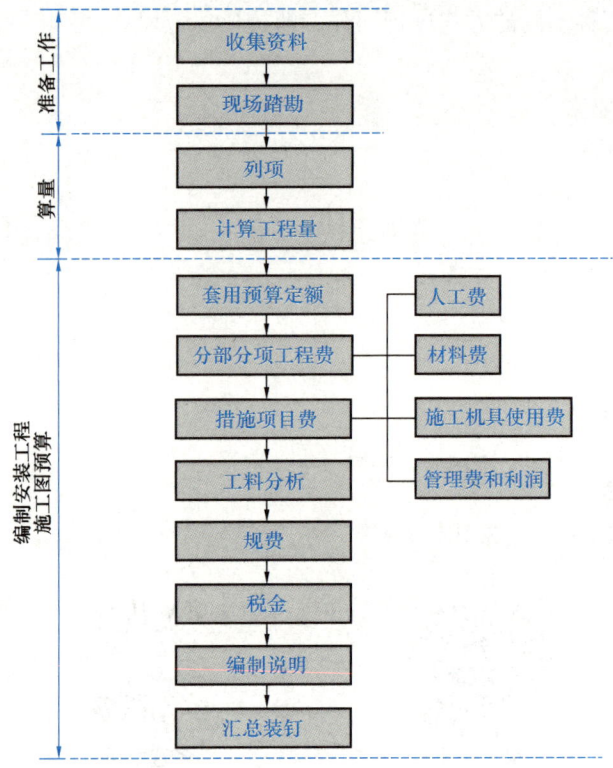

（3）安装工程施工图预算的装订顺序

① 封面；

② 编制说明；

③ 单位工程费汇总表；

④ 分部分项工程和单价措施项目预算表；

⑤ 总价措施项目预算表；

⑥ 工料分析表；

⑦ 规费、税金计价表；

⑧ 单位工程主材表。

2. 安装工程施工图预算的编制示例

略。

一、单项选择题（每题的备选项中，只有 1 个最符合题意）

1. 安装工程施工图预算的装订顺序为（　　）。①封面；②编制说明；③单位工程费汇总表；④分部分项工程和单价措施项目预算表；⑤总价措施项目预算表；⑥工料分析表；⑦规费、税金计价表；⑧单位工程主材表。

　　A. ①→②→③→④→⑤→⑥→⑦→⑧

　　B. ①→②→④→⑤→③→⑦→⑧→⑥

　　C. ②→①→⑦→⑧→④→⑤→③→⑥

D. ②→①→⑤→③→⑦→⑧→④→⑥

2. 设计阶段采用基于定额的单价法编制安装工程施工图预算流程，在列项后下一步工作是(　　)。

　　A. 套用预算定额

　　B. 计算工程量

　　C. 工料分析

　　D. 编制说明

二、多项选择题（每题的备选项中，有 2 个或 2 个以上符合题意，至少有 1 个错项）

1. 安装工程施工图预算编制的依据有(　　　)。

　　A. 工程所在地的人工、材料、设备、施工机具实际价格

　　B. 建设工程设计文件及相关资料

　　C. 项目相关文件、合同、协议等

　　D. 施工现场情况、地勘水文资料、工程特点

　　E. 施工组织设计和施工方案

答案与解析

一、单项选择题

1. A;　　2. B

二、多项选择题

1. BCDE

单选解析

多选解析

第 4 节　安装工程最高投标限价的编制

复习要点

1. 安装工程最高投标限价的编制概述

（1）安装工程最高投标限价编制的依据

①《建设工程工程量清单计价规范》GB 50500—2013 和《通用安装工程工程量计算规范》GB 50856—2013；

②国家或省级、行业建设主管部门颁发的计价定额和计价办法；

③建设工程设计文件及相关资料；

④ 拟定的招标文件及招标工程量清单；

⑤ 与建设项目相关的标准、规范、技术资料；

⑥ 施工现场情况、工程特点及常规施工方案；

⑦ 工程造价管理机构发布的工程造价信息及市场价；

⑧ 其他相关资料。

（2）安装工程最高投标限价编制的流程

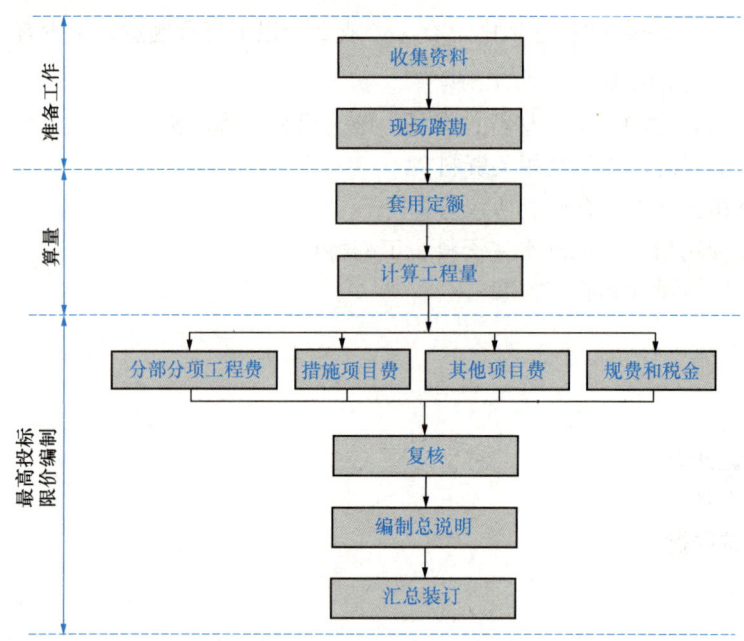

（3）安装工程最高投标限价的装订顺序

封面、扉页、总说明、建设项目最高投标限价汇总表、单项工程最高投标限价汇总表、单位工程最高投标限价汇总表、分部分项工程和单价措施项目清单与计价表、分部分项工程和单价措施项目清单综合单价分析表、总价措施项目清单与计价表、总价措施项目费分析表、其他项目清单与计价汇总表、规费税金项目计价表、发包人提供材料和工程设备一览表、承包人提供主要材料和工程设备一览表。

2. 安装工程最高投标限价的编制示例

略。

一、单项选择题（每题的备选项中，只有 1 个最符合题意）

1. 为使得最高投标限价更加合理并发挥其作用，通常安装工程最高投标限价的编制应遵循一定的程序，在现场踏勘完毕后应（　　）。

A. 收集资料

B. 套用定额

C. 计算工程量

D. 复核

2. 根据招标文件和常规施工方案，按下列数据及要求编制某安装工程的最高投标限价。该安装工程计算出的各分部分项工程人材机费用合计为 6000 万元，其中，人工费占 10%；单价措施项目中仅有脚手架项目，脚手架搭拆的人材机费用 48 万元，其中，人工费占 25%；总价措施项目费中的安全文明施工人材机费用（包括安全施工费、文明施工费、环境保护费、临时设施费）根据当地工程造价管理机构发布的规定，按分部分项工程人工费的 20% 计算。夜间施工费、二次搬运费、冬雨期施工增加费、已完工程及设备保护费等其他总价措施项目人材机费用合计按分部分项工程人工费的 12% 计取，其中，人工费占 40%。企业管理费、利润分别按人工费的 60%、40% 计取。暂列金额 200 万元，专业工程暂估价 500 万元（总承包服务费按分包价值的 3% 计取），不考虑计日工费用。规费按分部分项工程和措施项目费中全部人工费的 20% 计取。上述费用均不包含增值税可抵扣进项税额。增值税税率按 10% 计取。则该安装工程的最高投标限价是（ ）万元。

    A. 8558.92

    B. 9158.92

    C. 9398.92

    D. 7780.76

二、案例题

【案例 1】

请根据给定的某建筑物电器工程施工图，按照《建设工程工程量清单计价规范》GB 50500—2013、《通用安装工程工程量计算规范》GB 50856—2013，计算工程量并编制分部分项工程量清单。

（一）设计说明

1. 建筑物为框架结构 2 层，一层净高为 4.0m，二层净高为 3.6m，楼板为现浇，厚度为 150mm；建筑物室内外高差 0.3m。

2. 电源采用三相四线制、电缆埋地穿管入户，室外管道埋深 0.8m。照明线路全部穿管暗敷 BV2.5，3～4 根穿 PC20，5～6 根穿 PC25，其余穿管规格及敷设方式参考系统图。

3. 配电箱 AL1 型号为 GXL-Ⅱ，从厂家订购成品，尺寸 800（高）×600（宽）×200（深），嵌入式安装，底边安装高度距地面 1.6m；配电箱 AL2 型号为 PZ30R，从厂家订购成品，尺寸为 300（高）×300（宽）×200（深）mm，嵌入式安装，底边安装高度距地面 1.6m。

（二）答题要求

1. 进配电箱 AL1 的管线，仅计算进线电缆配管部分（出外墙 1.5m），不计算进线电缆的工作量。

2. 水平尺寸在图纸中已标注，单位为 mm。

3. 电器配管进入地坪或顶板的深度均按 100mm 计算。

4. 不考虑室外土方工程量。

设备材料表及图例					
序号	图例	名　　称	型号　　规格	单位	备　　注
1	▬	配电箱 AL1	GXL–11 800×600×200	台	详细系统图
2	▬	配电箱 AL2	PZ30R 300×300×200	台	详细系统图
3	⊗	节能防水灯	1×22W	套	吸顶安装
4	⊗	节能灯头	～250V 1×22W	套	吸顶安装
5	⊡	安全出口标志灯	1×3W(自带电源t＞90分钟)	套	明装，底边距地2.5m
6	⊠	消防应急灯	2×5W(自带电源t＞90分钟)	套	明装，底边距地2.5m
7	⌇	单/双/三/四联单控开关	～250V 10A	个	暗装，底边距地1.3m
8	⊤K	挂式空调插座	～250V 16A 安全型	个	暗装，底边距地2.0m
9	⊤G	柜式空调插座	～250V 16A 安全型	个	暗装，底边距地0.3m
10	⊤X	洗衣机插座	～250V 16A 安全型	个	暗装，底边距地1.5m
11	⊤P	排油烟机插座	～250V 16A 安全型	个	暗装，底边距地1.8m
12	⊤	2+3插座	～250V 10A 安全型	个	暗装，底边距地0.3m

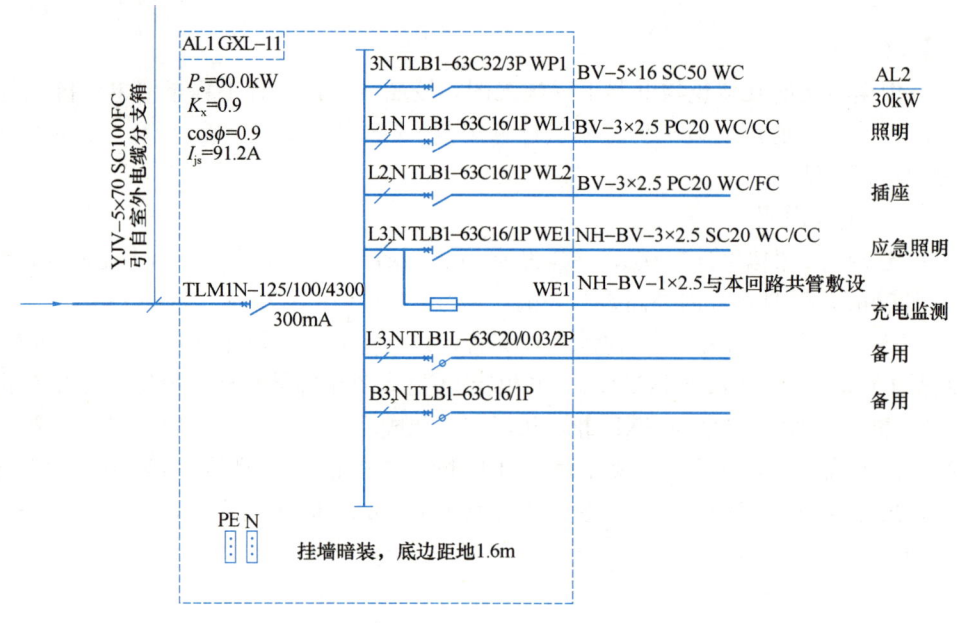

一层配电箱AL1系统图

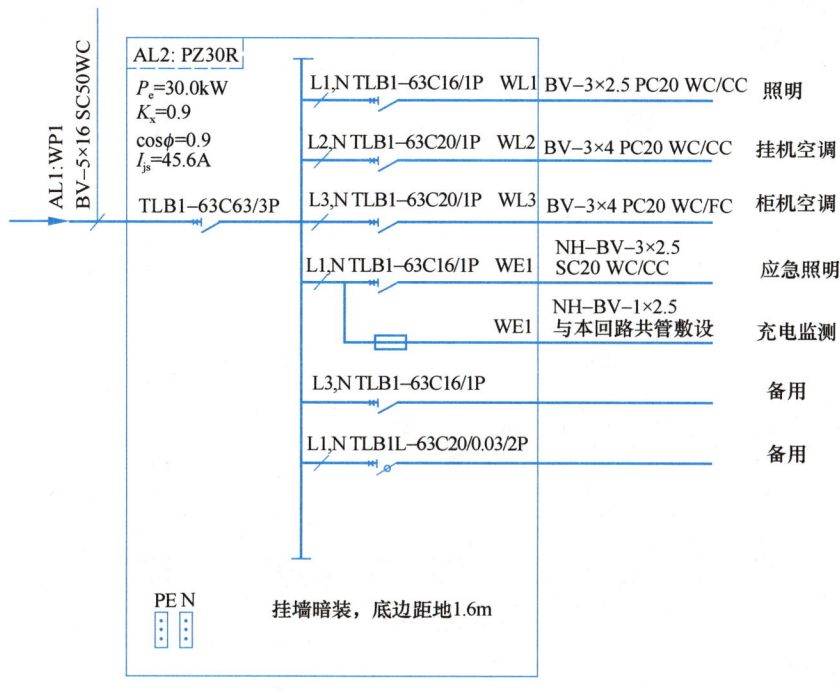

二层配电箱AL2系统图

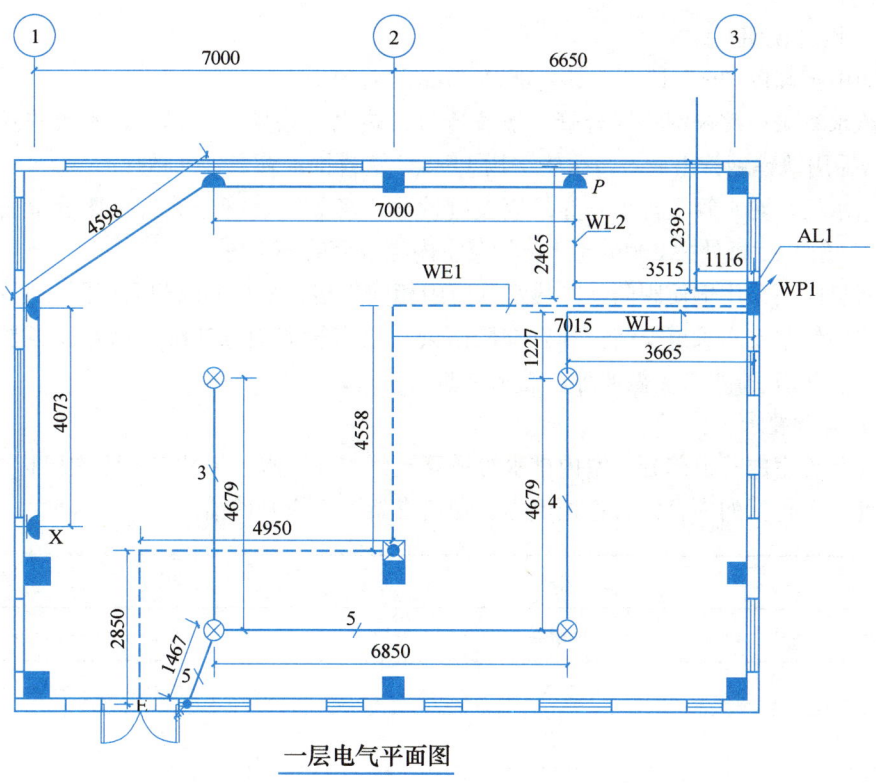

一层电气平面图

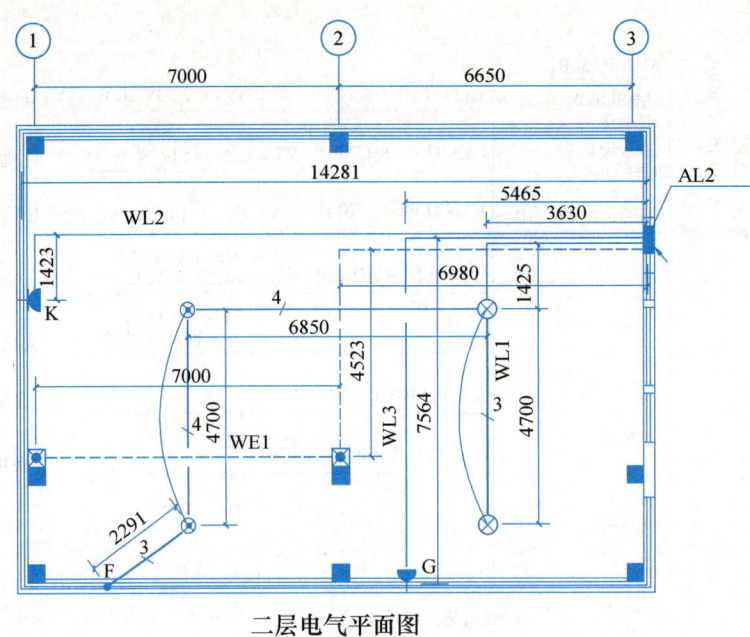

二层电气平面图

【案例2】

请根据给定的给水排水工程施工图，按照《建设工程工程量清单计价规范》GB 50500—2013、《通用安装工程工程量计算规范》GB 50856—2013，计算工程量并编制分部分项工程量清单。

（一）设计说明

1. 图中标高以"m"计算，其余都以"mm"计算。

2. 给水管采用镀锌钢塑复合管，螺纹连接；热水管采用不锈钢管，螺纹连接；冷热水淋浴器采用镀锌钢管组成；排水管采用UPVC塑料排水管，零件粘接。

3. 给水管、热水管及排水管穿外墙设刚性防水套管，套管公称直径比管道公称直径大二号，套管长度每处按300mm计，其余室内穿墙套管不考虑。

4. 所有阀门采用铜质阀门，冷热水管道中相同规格、型号的阀门采用同一型号规格。

5. 室内给水排水管道安装完毕且在隐蔽前，给水管需消毒冲洗并做水压试验，试验压力为1.0MPa；排水管需做通球、灌水试验。

（二）答题要求

1. 仅计算室内管道部分，室内排水管道算至污水井，水平尺寸在图纸中已标注。

2. 计算不包括的内容：管道挖填土、管道支架、管道开墙槽。

序号	名称	规格	单位
1	淋浴器	DN15	套
2	水表	按图	组
3	阀门	按图	只
4	地漏	DN150	个

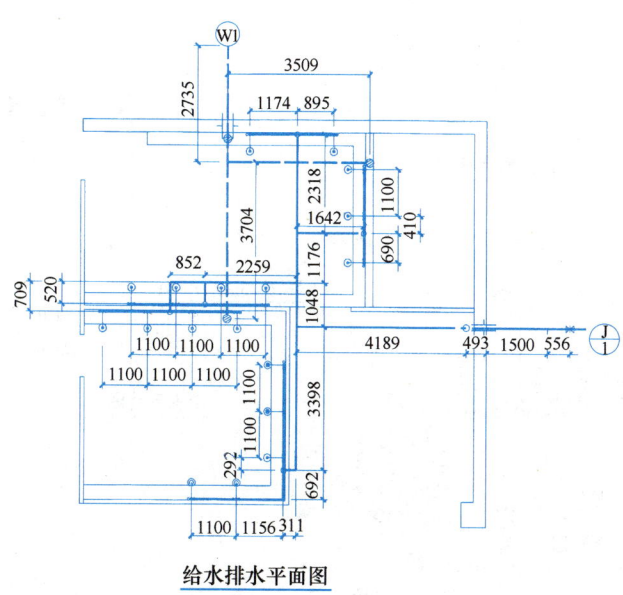

给水排水平面图

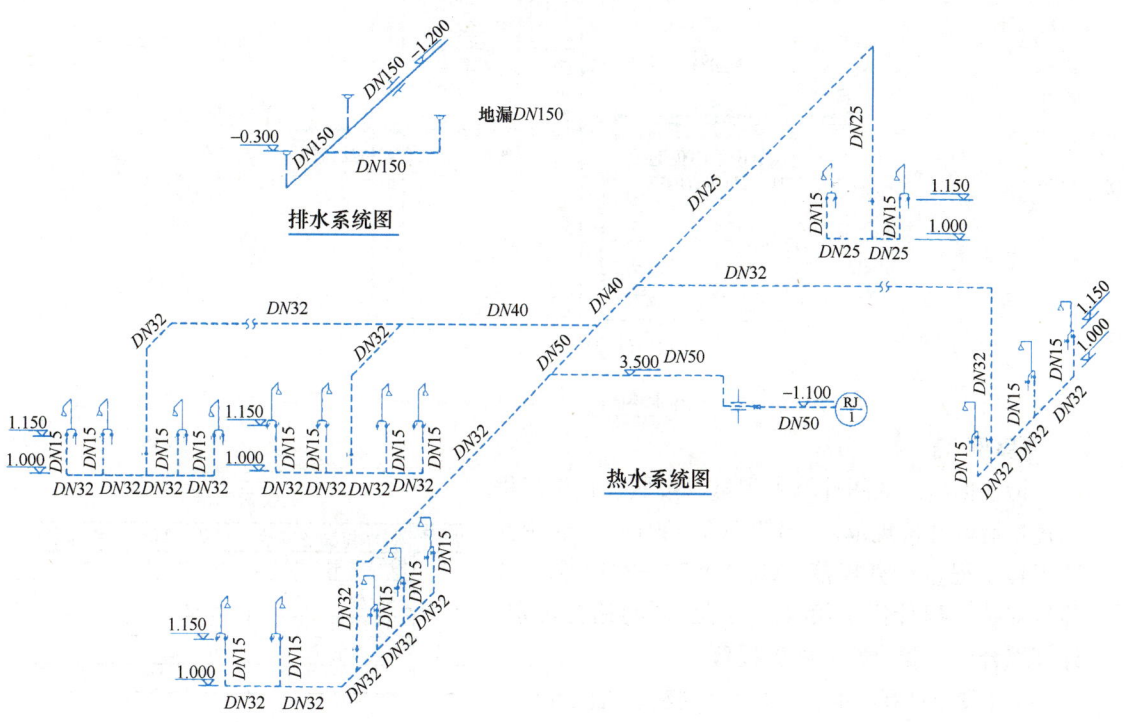

排水系统图

热水系统图

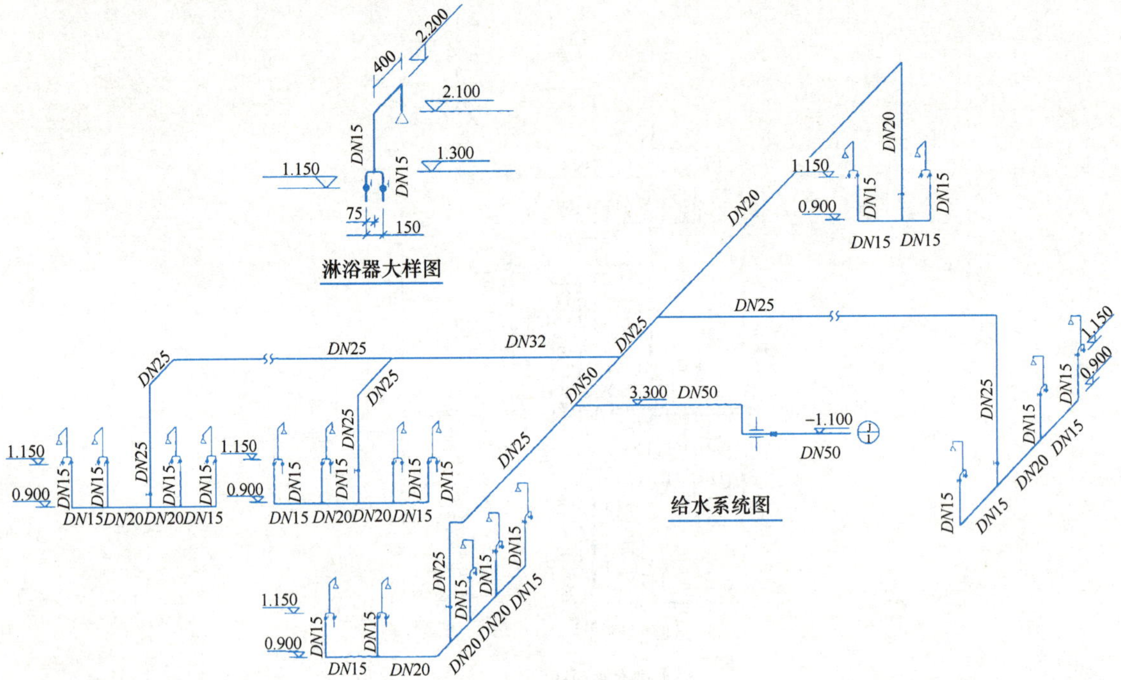

淋浴器大样图

给水系统图

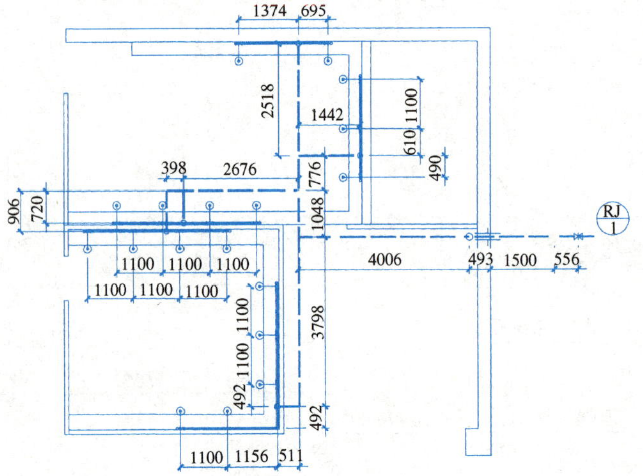

热水平面图

【案例3】

请根据给定的图计算工程量，按照《建设工程工程量清单计价规范》GB 50500—2013、《通用安装工程工程量计算规范》GB 50856—2013 和《江苏省安装工程计价定额（2014 版）》的相关规定，计算综合单价和分部分项工程费。

为了便于计算，本工程人工、材料、机械台班、

主要材料表

序号	名称和规格型号	单位	单价（元）	备注
1	镀锌扁钢—25×4	m	5.00	
2	镀锌扁钢—40×4	m	8.00	
3	镀锌圆钢 Φ10	m	4.00	
4	圆钢 Φ16	m	6.30	
5	总等电位箱	只	120.00	

管理费、利润均按《江苏省安装工程计价定额（2014 版）》规定不做调整。工程量清单综合单价分析表中工程量保留三位小数，其他数据保留两位小数。

1. 本工程为地上 2 层建筑。

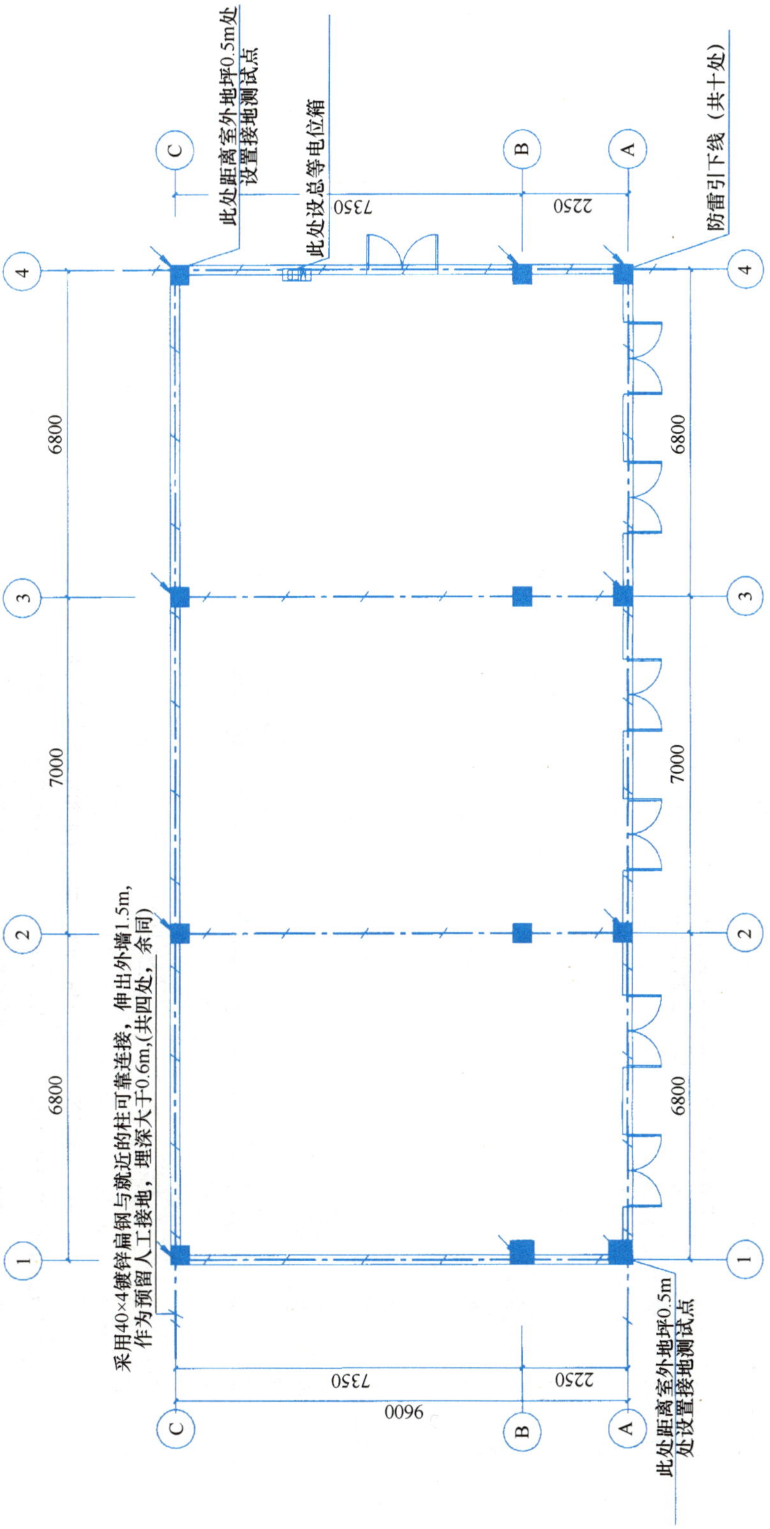
此处距离室外地坪0.5m处设置接地测试点
此处设总等电位箱
防雷引下线（共十处）
采用40×4镀锌扁钢与就近的柱可靠连接，伸出外墙1.5m，作为预留人工接地，埋深大于0.6m,(共四处，余同)
此处距离室外地坪0.5m处设置接地测试点
6800
7000
6800
7350
2250
9600
1
2
3
4
A
B
C

基础接地平面图

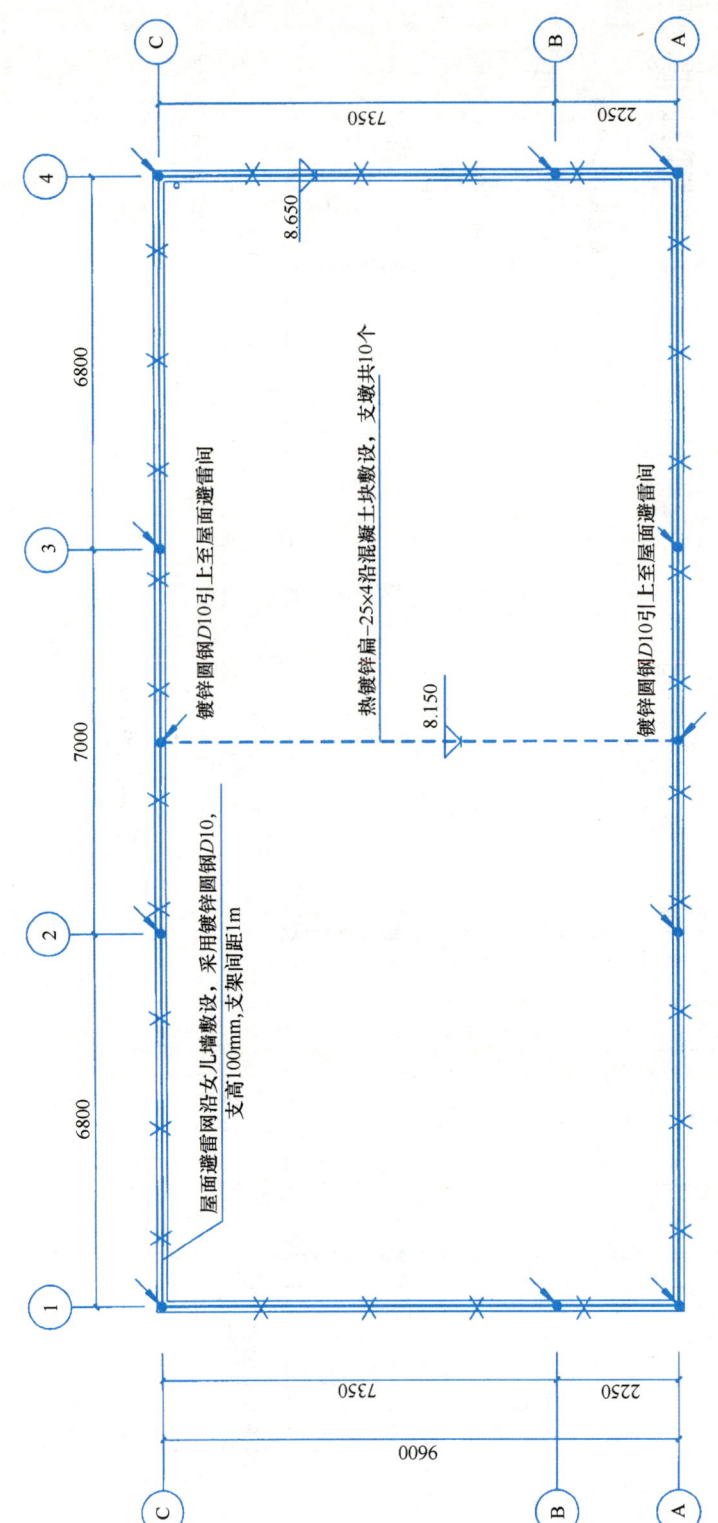

屋顶防雷平面图

注:
1. —·—·—·— 基础接地母线(利用地梁内2根φ16主筋相互联结成电气通路),地梁高度−2.0m。
2. 接地引下点(利用柱内2根φ16主筋上下焊牢),引至基础地梁钢筋,距地0.5m处做好测试点。将横向钢筋与柱中的竖向钢筋做可靠焊接。
3. 总等电位箱距地0.5m,采用40×4镀锌扁钢与基础接地体可靠连接,连接2处。
4. 接地电阻不大于1Ω。

【案例4】

根据给定的某通风工程局部工程量及其他条件，按照《建设工程工程量清单计价规范》GB 50500—2013、《通用安装工程工程量计算规范》GB 50856—2013和《江苏省安装工程计价定额》（2014版）、《江苏省建设工程费用定额》（2014年）的相关规定，计算综合单价和工程造价。

1. 矩形风管规格 1000mm×320mm，镀锌钢板厚 $\delta=0.75mm$，风管中心线长度为28m。

2. 静压箱规格 1000mm×600mm×1100mm，镀锌钢板厚 $\delta=1.2mm$，数量1台，静压箱吊装支架总重为60kg。

3. 静压箱及风管均在施工现场制作，风管法兰、吊托支架及静压箱的吊装支架均要求除轻锈后刷红丹防锈漆二道、调和漆二道。

4. 制作及除锈刷油施工均在地面进行，支架的安装符合超高条件。

5. 整个施工过程符合安装与生产同时进行的条件。

6. 通风工程检测、调试，风管漏光试验、漏风试验不计。

7. 主材单价按下表取定。

序号	材料名称	规格	单位	单价（元）	备注
1	热镀锌钢板	$\delta=1.2mm$	m²	56	
2	热镀锌钢板	$\delta=0.75mm$	m²	35	
3	型钢	各类规格	kg	4.2	
4	醇酸防锈漆	C53-1	kg	16	
5	调和漆		kg	16	

8. 总价措施费费率按下表取定，其余不考虑。

序号	项目名称	费率（%）	计算基础
1	安全文明施工基本费	1.5	
2	夜间施工费	0.1	
3	临时设施费	1.6	

9. 规费、税金费率按下表取定。

序号	项目名称	计算基础	计算费率（%）
1	规费	按费用定额相关规定计算	
1.1	工程排污费	按费用定额相关规定计算	0.1
1.2	社会保险费	按费用定额相关规定计算	2.4
1.3	住房公积金	按费用定额相关规定计算	0.42
2	税金	按费用定额相关规定计算	3.36

答案与解析

单选解析

一、单项选择题

1. B；   2. A

二、案例题

【案例1】

序号	项目编码	项目名称	项目特征说法	计量单位	工程量
1	030404017001	配电箱	1. 名称：配电箱 AL1 2. 型号：GXL-Ⅱ 3. 规格：800×600×200mm 4. 安装方式：嵌入式，安装高度 1.6m	台	1
2	030404017002	配电箱	1. 名称：配电箱 AL2 2. 型号：PZ30R 3. 规格：300×300×200mm 4. 安装方式：嵌入式，安装高度 1.6m	台	1
3	030404034001	照明开关	1. 名称：双联单控开关 2. 规格：250V 10A 3. 安装方式：暗装	个	1
4	030404034002	照明开关	1. 名称：四联单控开关 2. 规格：250V 10A 3. 安装方式：暗装	个	1
5	030404035001	插座	1. 名称：2+3 插座 2. 规格：250V 10A 安全型 3. 安装方式：暗装	个	2
6	030404035002	插座	1. 名称：洗衣机插座 2. 规格：250V 10A 安全型 3. 安装方式：暗装	个	1
7	030404035003	插座	1. 名称：排油烟机插座 2. 规格：250V 10A 安全型 3. 安装方式：暗装	个	1
8	030404035004	插座	1. 名称：挂式空调插座 2. 规格：250V 16A 安全型 3. 安装方式：暗装	个	1
9	030404035005	插座	1. 名称：柜式空调插座 2. 规格：250V 16A 安全型 3. 安装方式：暗装	个	1
10	030412001001	普通灯具	1. 名称：节能灯头 2. 规格：250V 1×22W	套	6
11	030412001002	普通灯具	1. 名称：节能防水灯 2. 规格：1×22W	套	2

续表

序号	项目编码	项目名称	项目特征说法	计量单位	工程量
12	030412004001	装饰灯	1. 名称：安全出口标志灯 2. 规格：1×3W（自带电源 *t*＞90 分钟） 3. 安装形式：明装，底边距地 2.5m	套	1
13	030412004002	装饰灯	1. 名称：消防应急灯 2. 规格：2×5W（自带电源 *t*＞90 分钟） 3. 安装形式：明装，底边距地 2.5m	套	3
14	030411006001	接线盒	1. 名称：开关盒 2. 材质：塑料 3. 安装形式：暗装	个	8
15	030411006002	接线盒	1. 名称：灯头盒 2. 材质：塑料 3. 安装形式：暗装	个	8
16	030411006003	接线盒	1. 名称：灯头盒 2. 材质：铁 3. 安装形式：暗装	个	4
17	030411001001	配管	1. 名称：钢管 2. 规格：SC20 3. 配置形式：暗配	m	49.78
18	030411001002	配管	1. 名称：钢管 2. 规格：SC50 3. 配置形式：暗配	m	3.35
19	030411001003	配管	1. 名称：钢管 2. 规格：SC100 3. 配置形式：暗配	m	7.71
20	030411001004	配管	1. 名称：刚性阻燃管 2. 规格：PC20 3. 配置形式：暗配	m	108.43
21	030411001005	配管	1. 名称：刚性阻燃管 2. 规格：PC25 3. 配置形式：暗配	m	11.12
22	030411004001	配线	1. 配线形式：照明线路 2. 型号：BV2.5 3. 配线部位：管内穿线	m	304.31
23	030411004002	配线	1. 配线形式：照明线路 2. 型号：BV4 3. 配线部位：管内穿线	m	106.60
24	030411004003	配线	1. 配线形式：照明线路 2. 型号：NH-BV2.5 3. 配线部位：管内穿线	m	207.10

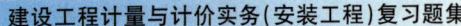

续表

序号	项目编码	项目名称	项目特征说法	计量单位	工程量
25	030411004004	配线	1. 配线形式：动力线路 2. 型号：BV16 3. 配线部位：管内穿线	m	26.75

【案例2】

序号	项目编码	项目名称	项目特征说法	计量单位	工程量
1	031001007001	复合管	1. 安装部位：室内 2. 介质：给水 3. 材质、规格：钢塑复合管 DN15 4. 连接形式：螺纹 5. 压力试验及吹、洗设计要求：冲洗消毒	m	10.53
2	031001007002	复合管	1. 安装部位：室内 2. 介质：给水 3. 材质、规格：钢塑复合管 DN20 4. 连接形式：螺纹 5. 压力试验及吹、洗设计要求：冲洗消毒	m	10.49
3	031001007003	复合管	1. 安装部位：室内 2. 介质：给水 3. 材质、规格：钢塑复合管 DN25 4. 连接形式：螺纹 5. 压力试验及吹、洗设计要求：冲洗消毒	m	18.21
4	031001007004	复合管	1. 安装部位：室内 2. 介质：给水 3. 材质、规格：钢塑复合管 DN32 4. 连接形式：螺纹 5. 压力试验及吹、洗设计要求：冲洗消毒	m	2.26
5	031001007005	复合管	1. 安装部位：室内 2. 介质：给水 3. 材质、规格：钢塑复合管 DN50 4. 连接形式：螺纹 5. 压力试验及吹、洗设计要求：冲洗消毒	m	12.19
6	031001003001	不锈钢管	1. 安装部位：室内 2. 介质：热水 3. 规格、压力等级：不锈钢管 DN25 4. 连接形式：螺纹 5. 压力试验及吹、洗设计要求：冲洗消毒	m	7.09
7	031001003002	不锈钢管	1. 安装部位：室内 2. 介质：热水 3. 规格、压力等级：不锈钢管 DN32 4. 连接形式：螺纹 5. 压力试验及吹、洗设计要求：冲洗消毒	m	32.02

续表

序号	项目编码	项目名称	项目特征说法	计量单位	工程量
8	031001003003	不锈钢管	1. 安装部位：室内 2. 介质：热水 3. 规格、压力等级：不锈钢管 DN40 4. 连接形式：螺纹 5. 压力试验及吹、洗设计要求：冲洗消毒	m	3.45
9	031001003004	不锈钢管	1. 安装部位：室内 2. 介质：热水 3. 规格、压力等级：不锈钢管 DN50 4. 连接形式：螺纹 5. 压力试验及吹、洗设计要求：冲洗消毒	m	12.20
10	031001006001	塑料管	1. 安装部位：室内 2. 介质：污水 3. 材质、规格：UPVC 排水管 DN150 4. 连接形式：胶水粘接	m	12.65
11	031002003001	套管	1. 名称、类型：刚性防水套管 2. 规格：DN80	个	2
12	031002003002	套管	1. 名称、类型：刚性防水套管 2. 规格：DN250	个	1
13	031003001001	螺纹阀门	1. 类型：闸阀 2. 材质：铜 3. 规格、压力等级：DN50 4. 连接形式：螺纹	个	2
14	031003001002	螺纹阀门	1. 类型：截止阀 2. 材质：铜 3. 规格、压力等级：DN20 4. 连接形式：螺纹	个	1
15	031003001003	螺纹阀门	1. 类型：截止阀 2. 材质：铜 3. 规格、压力等级：DN25 4. 连接形式：螺纹	个	5
16	031003001004	螺纹阀门	1. 类型：截止阀 2. 材质：铜 3. 规格、压力等级：DN32 4. 连接形式：螺纹	个	4
17	031004010001	淋浴器	1. 材质、规格：淋浴器钢管组成 2. 组装形式：冷热水	套	18
18	031004014001	给、排水附（配）件	1. 材质：UPVC 地漏 2. 型号、规格：DN150	个	3

【案例3】

序号	项目编码	项目名称	项目特征说法	计量单位	工程量	综合单价	合价	其中：暂估价
1	030409002001	接地母线	1. 名称：户外接地母线 2. 材质：镀锌扁钢 3. 规格：—40×4 4. 安装部位：户外	m	6.23	35.74	222.66	
2	030409002002	接地母线	1. 名称：户内接地母线 2. 材质：镀锌扁钢 3. 规格：—40×4 4. 安装部位：户内	m	5.20	24.14	125.53	
3	030409003001	避雷引下线	1. 名称：利用建筑物主筋引下 2. 材质：圆钢 3. 规格：2根 Φ16 4. 安装形式：柱与圈梁钢筋焊接 5. 断接卡子、箱材质、规格：断接卡子	m	106.50	25.62	2728.53	
4	030409004001	均压环	1. 名称：基础均压环 2. 材质：圆钢 3. 规格：2根 Φ16 4. 安装形式：利用圈梁钢筋安装	m	79.60	6.48	515.81	
5	030409005001	避雷网	1. 名称：避雷网 2. 材质：镀锌圆钢 3. 规格：D10 4. 安装形式：沿女儿墙敷设	m	63.80	34.85	2223.43	
6	030409005002	避雷网	1. 名称：避雷网 2. 材质：镀锌扁钢 3. 规格：—25×4 4. 安装形式：沿混凝土块敷设	m	9.97	22.27	222.03	
7	030409008001	等电位端子箱、测试板	安装高度0.5m	台(块)	1	333.87	333.87	
8	030414011001	接地装置	接地电阻不大于1欧姆	系统	1	703.1	703.1	
合　计							7074.96	

综合单价分析表（分摊量）

| 项目编码 | 030409002001 | 项目名称 | 接地母线 | | 计量单位 | m | 工程量 | | 6.23 |

清单综合单价组成明细

序号	定额编号	定额项目名称	定额单位	数量	单价（元）					合价（元）				
					人工费	材料费	机械费	管理费	利润	人工费	材料费	机械费	管理费	利润
1	4-906	户外接地母线敷设截面 200mm² 以内	10m	0.1	175.38	1.21	2.02	70.15	24.55	17.54	0.12	0.20	7.02	2.46
2	主材	镀锌扁钢 -40×4	m	1.05		8.00					8.40			
3										17.54	8.52	0.20	7.02	2.46
4												35.74		

综合单价分析表（分摊量）

| 项目编码 | 030409002002 | 项目名称 | 接地母线 | | 计量单位 | m | 工程量 | | 5.20 |

清单综合单价组成明细

序号	定额编号	定额项目名称	定额单位	数量	单价（元）					合价（元）				
					人工费	材料费	机械费	管理费	利润	人工费	材料费	机械费	管理费	利润
1	4-905	户内内接地母线敷设	10m	0.1	85.84	19.82	5.53	34.34	12.02	8.58	1.98	0.55	3.43	1.20
2	主材	镀锌扁钢 -40×4	m	1.05		8.00					8.40			
3										8.58	10.38	0.55	3.43	1.20
4												24.14		

综合单价分析表（分摊量）

项目编码	0304090003001	项目名称	避雷引下线		计量单位	m	工程量		106.50					
					清单综合单价组成明细									
序号	定额编号	定额项目名称	定额单位	数量	单价（元）					合价（元）				
					人工费	材料费	机械费	管理费	利润	人工费	材料费	机械费	管理费	利润
1	4-915	避雷引下线敷设 利用建筑物主筋引下	10m	0.1	91.02	5.32	31.33	36.41	12.74	9.10	0.53	3.13	3.64	1.27
2	4-964	等电位端子箱、测试板断接卡子制作、安装	10套	0.001878	203.50	48.84	1.65	81.40	28.49	0.38	0.09	0.00	0.15	0.05
3	4-916	避雷引下线敷设 柱主筋与圈梁钢筋焊接	10处	0.018779	204.98	27.24	44.79	81.99	28.70	3.85	0.51	0.84	1.54	0.54
4										13.33	1.13	3.97	5.33	1.86
										25.62				

综合单价分析表（分摊量）

项目编码	0304090004001	项目名称	均压环		计量单位	m	工程量		79.6					
					清单综合单价组成明细									
序号	定额编号	定额项目名称	定额单位	数量	单价（元）					合价（元）				
					人工费	材料费	机械费	管理费	利润	人工费	材料费	机械费	管理费	利润
1	4-917	均压环敷设 利用圈梁钢筋	10m	0.1	35.52	1.41	8.71	14.21	4.97	3.55	0.14	0.87	1.42	0.50
2										6.48				

综合单价分析表（分摊量）

项目编码	030409005001	项目名称	避雷网		计量单位	m	工程量	63.8

清单综合单价组成明细

序号	定额编号	定额项目名称	定额单位	数量	单价（元）					合价（元）				
					人工费	材料费	机械费	管理费	利润	人工费	材料费	机械费	管理费	利润
1	4-919	避雷网安装 沿折板支架敷设	10m	0.1	172.42	28.14	12.94	68.97	24.14	17.24	2.81	1.29	6.90	2.41
2	主材	镀锌圆钢 D10	m	1.05		4.00					4.20			
3										17.24	7.01	1.29	6.90	2.41
4											34.85			

综合单价分析表（分摊量）

项目编码	030409005002	项目名称	避雷网		计量单位	m	工程量	9.97

清单综合单价组成明细

序号	定额编号	定额项目名称	定额单位	数量	单价（元）					合价（元）				
					人工费	材料费	机械费	管理费	利润	人工费	材料费	机械费	管理费	利润
1	4-918	避雷网安装 沿混凝土块敷设	10m	0.1	61.42	14.90	6.50	24.57	8.60	6.14	1.49	0.65	2.46	0.86
2	4-920	避雷网安装 混凝土块制作	每10块	0.100301	25.90	14.17		10.36	3.63	2.60	1.42		1.04	0.36
3	主材	镀锌扁钢 −25×4	m	1.05		5					5.25			
4										8.74	8.16	0.65	3.50	1.22
5											22.27			

综合单价分析表（分摊量、计价量）

项目编码	03040900 8001	项目名称	等电位端子箱、测试板	计量单位	台（块）	工程量	1

清单综合单价组成明细

序号	定额编号	定额项目名称	定额单位	数量	单价（元）					合价（元）				
					人工费	材料费	机械费	管理费	利润	人工费	材料费	机械费	管理费	利润
1	4-963	等电位端子箱、测试板 总等电位联结端子箱	个	1	104.34	46.68	6.50	41.74	14.61	104.34	46.68	6.50	41.74	14.61
2	主材	总等电位联结端子箱	个	1		120.00					120.00			
3					104.34	166.68	6.50	41.74	14.61					
											333.87			

综合单价分析表（分摊量、计价量）

项目编码	03041401 1001	项目名称	接地装置	计量单位	系统	工程量	1

清单综合单价组成明细

序号	定额编号	定额项目名称	定额单位	数量	单价（元）					合价（元）				
					人工费	材料费	机械费	管理费	利润	人工费	材料费	机械费	管理费	利润
1	4-1858	接地装置调试 接地网	系统	1	369.60	4.64	129.28	147.84	51.74	369.60	4.64	129.28	147.84	51.74
2												703.10		

综合单价分析表（计价量）

项目编码	030409002001	项目名称	接地装置	计量单位	m	工程量		综合单价	6.23

清单综合单价组成明细

序号	定额编号	定额项目名称	定额单位	数量	单价（元）					合价（元）				
					人工费	材料费	机械费	管理费	利润	人工费	材料费	机械费	管理费	利润
1	4-906	户外接地母线敷设 截面面积 200mm² 以内	10m	0.623	175.38	1.21	2.02	70.15	24.55	109.26	0.75	1.26	43.70	15.29
2	主材	镀锌扁钢 —40×4	m	6.54		8.00					52.32			
3										109.26	53.07	1.26	43.70	15.29
4										222.58/35.73				

综合单价分析表（计价量）

项目编码	030409002002	项目名称	接地母线	计量单位	m	工程量		综合单价	5.20

清单综合单价组成明细

序号	定额编号	定额项目名称	定额单位	数量	单价（元）					合价（元）				
					人工费	材料费	机械费	管理费	利润	人工费	材料费	机械费	管理费	利润
1	4-905	户内接地母线敷设	10m	0.52	85.84	19.82	5.53	34.34	12.02	44.64	10.31	2.88	17.86	6.25
2	主材	镀锌扁钢 —40×4	m	5.46		8.00					43.68			
3										44.64	53.99	2.88	17.86	6.25
4										125.62/24.16				

综合单价分析表（计价量）

项目编码	030409003001	项目名称	避雷引下线	计量单位	m	工程量	106.50

清单综合单价组成明细

序号	定额编号	定额项目名称	定额单位	数量	单价（元）					合价（元）				
					人工费	材料费	机械费	管理费	利润	人工费	材料费	机械费	管理费	利润
1	4-915	避雷引下线 利用建筑物主筋引下	10m	10.65	91.02	5.32	31.33	36.41	12.74	969.36	56.66	333.66	387.74	135.68
2	4-964	等电位端子箱、测试板断接卡子制作、安装	10套	0.2	203.50	48.84	1.65	81.4	28.49	40.70	9.77	0.33	16.28	5.70
3	4-916	避雷引下线敷设 柱主筋与圈梁钢筋焊接	10处	2.0	204.98	27.24	44.79	81.99	28.70	409.96	54.48	89.58	163.98	57.40
4										1420.02	120.91	423.57	568.00	198.78
										2731.28/25.65				

综合单价分析表（计价量）

项目编码	030409004001	项目名称	均压环	计量单位	m	工程量	79.6

清单综合单价组成明细

序号	定额编号	定额项目名称	定额单位	数量	单价（元）					合价（元）				
					人工费	材料费	机械费	管理费	利润	人工费	材料费	机械费	管理费	利润
1	4-917	均压环敷设 利用圈梁钢筋	10m	7.96	35.52	1.41	8.71	14.21	4.97	282.74	11.22	69.33	113.10	39.56
2										515.95/6.48				

综合单价分析表（计价量）

| 项目编码 | 030409005001 | 项目名称 | 避雷网 | | 计量单位 | m | 工程量 | 63.8 | | | | |

清单综合单价组成明细

序号	定额编号	定额项目名称	定额单位	数量	单价（元）					合价（元）				
					人工费	材料费	机械费	管理费	利润	人工费	材料费	机械费	管理费	利润
1	4-919	避雷网安装　沿折板支架敷设	10m	6.38	172.42	28.14	12.94	68.97	24.14	1100.04	179.53	82.56	440.02	154.01
2	主材	镀锌圆钢 D10	m	66.99		4.00					267.96			
3										1100.04	447.49	82.56	440.02	154.01
4										2224.12/34.86				

综合单价分析表（计价量）

| 项目编码 | 030409005002 | 项目名称 | 避雷网 | | 计量单位 | m | 工程量 | 9.97 | | | | |

清单综合单价组成明细

序号	定额编号	定额项目名称	定额单位	数量	单价（元）					合价（元）				
					人工费	材料费	机械费	管理费	利润	人工费	材料费	机械费	管理费	利润
1	4-918	避雷网安装　沿混凝土块敷设	10m	0.997	61.42	14.90	6.50	24.57	8.60	61.24	14.86	6.48	24.50	8.57
2	4-920	避雷网安装　混凝土块制作	每10块	1.0	25.90	14.17	0.00	10.36	3.63	25.90	14.17	0.00	10.36	3.63
3	主材	镀锌扁钢 -25×4	m	10.4685		5					52.34			
4										87.14	81.37	6.48	34.86	12.20
5										222.05/22.27				

综合单价分析表（计价量）

项目编码	030409008001	项目名称	等电位端子箱、测试板	计量单位	台（块）	工程量	1

清单综合单价组成明细

序号	定额编号	定额项目名称	定额单位	数量	单价（元）					合价（元）				
					人工费	材料费	机械费	管理费	利润	人工费	材料费	机械费	管理费	利润
1	4-963	等电位端子箱、测试板 总等电位联结端子箱	个	1	104.34	46.68	6.50	41.74	14.61	104.34	46.68	6.50	41.74	14.61
2		总等电位联结端子箱	个	1		120.00					120.00			
3					104.34	166.68	6.50	41.74	14.61	104.34	166.68	6.50	41.74	14.61
										333.87				

综合单价分析表（计价量）

项目编码	030414011001	项目名称	接地装置	计量单位	系统	工程量	1

清单综合单价组成明细

序号	定额编号	定额项目名称	定额单位	数量	单价（元）					合价（元）				
					人工费	材料费	机械费	管理费	利润	人工费	材料费	机械费	管理费	利润
1	4-1858	接地装置调试 接地网	系统	1	369.60	4.64	129.28	147.84	51.74	369.60	4.64	129.28	147.84	51.74
2										703.1				

【案例4】

序号	项目编码	项目名称	项目特征说法	计量单位	工程量	金额（元）		
						综合单价	合价	其中
								暂估价
1	030702001001	碳钢通风管道	1. 名称：镀锌薄钢板风管 2. 材质：镀锌钢板 3. 形状：矩形 4. 规格：1000mm×320mm 5. 板材厚度：0.75mm 6. 接口形式：咬口	m²	73.92	110.54	8171.12	
2	030703021001	静压箱	1. 名称：静压箱 2. 规格：1000mm×600mm×1100mm 3. 形式：现场制作 4. 材质：镀锌钢板1.2mm 5. 支架形式、材质：型钢支架60kg	m²	4.72	316.42	1493.50	
3	031201003001	金属结构刷油	1. 除锈级别：轻锈 2. 油漆品种：红丹防锈漆、调和漆 3. 结构类型：一般钢结构 4. 涂刷遍数、漆膜厚度：各二道	kg	349.40	2.29	800.13	
		分部小计					10464.75	
		分部分项合计					10464.75	
1	031301010001	安装与生产同时进行，施工增加		项	1	437.92	437.92	
2	031301017001	脚手架搭拆		项	1	105.96	105.96	
		单价措施合计					543.88	
		合　计					10970.91	

综合单价分析表（分摊量）

项目编码	030702001001	项目名称	碳钢通风管道		计量单位	m²	工程量				73.92	

清单综合单价组成明细

序号	定额编号	定额项目名称	定额单位	数量	单价					合价				
					人工费	材料费	机械费	管理费	利润	人工费	材料费	机械费	管理费	利润
1	7-84	碳钢通风 镀锌薄钢板矩形风管（δ=1.2mm以内咬口）周长4000mm以下制作	10m²	0.1	170.2	190.26	40.7	68.08	23.83	17.02	19.03	4.07	6.81	2.38
2	7-85	碳钢通风 镀锌薄钢板矩形风管（δ=1.2mm以内咬口）周长4000mm以下安装	10m²	0.1	113.96	10.02	2.13	45.58	15.95	11.40	1.00	0.21	4.56	1.6
3		超高（15%）								1.71	0.00	0.00	0.68	0.24
4	主材	热镀锌钢板 δ=0.75mm	m²	1.138		35					39.83			
5										30.13	59.86	4.28	12.05	4.22
6												110.54		

综合单价分析表（分摊量）

项目编码	030703021001	项目名称	静压箱		计量单位	m²	工程量	4.72

清单综合单价组成明细

序号	定额编号	定额项目名称	定额单位	数量	单价（元）					合价（元）				
					人工费	材料费	机械费	管理费	利润	人工费	材料费	机械费	管理费	利润
1	7-556	静压箱 制作	10m²	0.1	416.62	153.46	25.54	166.65	58.33	41.66	15.35	2.55	16.66	5.83
2	主材	热镀锌钢板 1.2	m²	1.149		56					64.34			
3	7-557	静压箱 安装	10m²	0.1	278.24	27.08	1.40	111.30	38.95	27.82	2.71	0.14	11.13	3.90
4	7-68	设备支架 CG327 50kg以上 制作	100kg	0.127119	228.66	37.39	31.89	91.46	32.01	29.07	4.75	4.05	11.63	4.07
5	主材	型钢	kg	13.22		4.2					55.52			
6	7-69	设备支架 CG327 50kg以上 安装	100kg	0.127119	37.74	0.79	1.70	15.10	5.28	4.80	0.10	0.22	1.92	0.67
7		超高（15%）								4.89	0	0	1.96	0.68
8										108.24	142.77	6.96	43.30	15.15
9														316.42

综合单价分析表（分摊量）

项目编码	031201003001	项目名称	金属结构刷油		计量单位	kg	工程量	349.40

清单综合单价组成明细

序号	定额编号	定额项目名称	定额单位	数量	单价（元）					合价（元）				
					人工费	材料费	机械费	管理费	利润	人工费	材料费	机械费	管理费	利润
1	11-7	手工除锈 一般钢结构 轻锈	100kg	0.01	21.46	2.41	8.05	8.58	3	0.21	0.02	0.08	0.08	0.03
2	11-117	一般钢结构 红丹防锈漆 第一遍	100kg	0.01	14.8	3.19	8.05	5.92	2.07	0.15	0.03	0.08	0.06	0.02
3	11-118	一般钢结构 红丹防锈漆 第二遍	100kg	0.01	14.06	2.77	8.05	5.62	1.97	0.14	0.03	0.08	0.06	0.02
4	11-126	一般钢结构 调和漆 第一遍	100kg	0.01	14.06	0.96	8.05	5.62	1.97	0.14	0.01	0.08	0.06	0.02
5	11-127	一般钢结构 调和漆 第二遍	100kg	0.01	14.06	0.85	8.05	5.62	1.97	0.14	0.01	0.08	0.06	0.02
	主材	调和漆	kg	0.015		16				0	0.24	0	0	0
	主材	醇酸防锈漆 C53-1	kg	0.0211		16				0.78	0.34	0.4	0.32	0.11
														2.29

单位工程招标控制价表

序号	汇总内容	金额（元）	其中：暂估价（元）
1	分部分项工程费	10464.75	
2	措施项目费	896.16	
3	其他项目费		
4	规费	331.74	
5	税金	392.87	
招标控制价合计＝1＋2＋3＋4＋5		12085.52	

总价措施项目清单与计价表

序号	项目编码	项目名称	计算基础	费率（%）	金额（元）
1	031302001001	安全文明施工费		100.000	165.13
1.1		基本费	分部分项合计＋单价措施项目合计－设备费	1.500	165.13
2	031302002001	夜间施工增加	分部分项合计＋单价措施项目合计－设备费	0.100	11.01
3	031302008001	临时设施	分部分项合计＋单价措施项目合计－设备费	1.600	176.14
合计					352.28

规费、税金项目计价表

工程名称：通风计价（第六）			标段：		第1页 共1页	
序号	项目名称	计算基础	计算基数（元）	计算费率（%）	金额（元）
1	规费	工程排污费＋社会保险费＋住房公积金	331.74	100.000	331.74
1.1	社会保险费	分部分项工程费＋措施项目费＋其他项目费－工程设备费	11360.91	2.400	272.66
1.2	住房公积金	分部分项工程费＋措施项目费＋其他项目费－工程设备费	11360.91	0.420	47.72
1.3	工程排污费	分部分项工程费＋措施项目费＋其他项目费－工程设备费	11360.91	0.100	11.36
2	税金	分部分项工程费＋措施项目费＋其他项目费＋规费－按规定不计税的工程设备金额	11692.65	3.360	392.87
合计					724.61

第5节　安装工程投标报价的编制

复习要点

1. 安装工程投标报价的编制概述

（1）安装工程投标限价编制的依据

①《建设工程工程量清单计价规范》GB 50500—2013 和《通用安装工程工程量计算规范》GB 50856—2013。

②国家或省级、行业建设主管部门颁发的计价办法。

③ 企业定额，国家或省级、行业建设主管部门颁发的计价定额。

④ 招标文件、工程量清单及其补充通知、答疑纪要。

⑤ 建设工程设计文件及相关资料。

⑥ 施工现场情况、工程特点及投标时拟定的施工组织设计或施工方案。

⑦ 与建设项目相关的标准、规范等技术资料。

⑧ 市场价格信息或工程造价管理机构发布的工程造价信息。

⑨ 其他相关资料。

（2）安装工程投标限价编制的流程

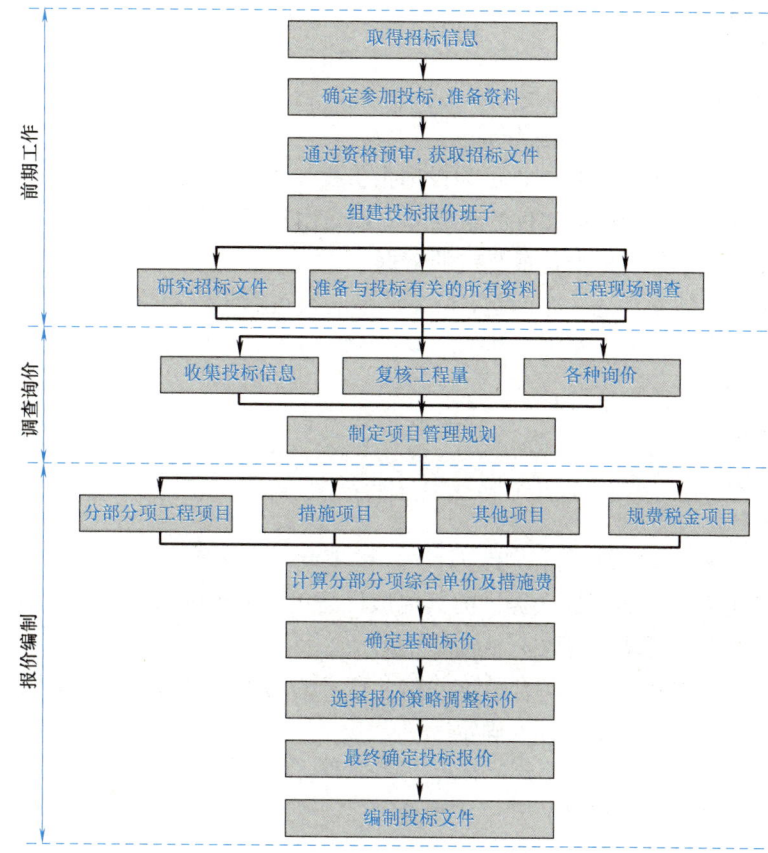

2. 安装工程最高投标报价的编制示例

略。

一、单项选择题（每题的备选项中，只有 1 个最符合题意）

1. 为使得投标报价更加合理并具有竞争性，通常安装工程投标报价的编制应遵循一定的程序，在确定参加投标，准备资料后，应当（　　）。

A. 制定项目管理规划

B. 组建投标报价班子

C. 取得招标信息

D. 通过资格预审，获取招标文件

2. 投标人须知反映了招标人对投标的要求，特别要注意项目的资金来源、投标书的编制和递交、投标保证金、更改或备选方案、评标方法等，重点在于(　　)。

A. 理解招标文件

B. 编制投标文件

C. 确定基础标价

D. 防止废标

3. 投标者确定施工方法等施工计划的主要依据是(　　)。

A. 合同

B. 技术标准

C. 图纸

D. 投标人须知

4. 关于投标报价下列说法错误的是(　　)。

A. 询价是投标报价的基础，可为投标报价提供可靠的依据

B. 工程量清单作为招标文件的组成部分，是由招标人提供的

C. 工程量大小是投标报价最直接的依据

D. 询价时要特别注意一个问题，产品质量必须可靠

5. 编制投标报价的计算方法要科学严谨，简明适用，一般选用基于清单的(　　)。

A. 综合单价法

B. 实物法

C. 估算法

D. 总价法

6. 下列关于投标人其他项目清单与计价表的编制，说法错误的是(　　)。

A. 暂列金额应按照招标人提供的其他项目清单中列出的金额填写，不得变动

B. 暂估价不得变动和更改

C. 计日工自主确定各项综合单价并结合自身的用工价格水平计算费用

D. 总承包服务费需要招标人确定

7. 根据安装工程定额综合单价计算程序，企业管理费的计算基数是(　　)。

A. 人工费＋材料（设备）费＋机械费

B. 人工费＋材料（设备）费

C. 材料（设备）费＋机械费

D. 人工费

8. 下列费用中，不包含在其他项目费中的是(　　)。

A. 暂列金额

B. 计日工

C. 企业管理费

D. 总承包服务费

二、多项选择题（每题的备选项中，有2个或2个以上符合题意，至少有1个错项）

1. 安装工程最高投标限价编制的依据(　　)。

A. 施工组织设计和施工方案

B. 建设工程设计文件及相关资料

C. 拟定的招标文件及招标工程量清单

D. 施工现场情况、工程特点及常规施工方案

E. 工程造价管理机构发布的工程造价信息及市场价

2. 确定参加投标后，为保证工程量清单报价的合理性，应对(　　)等重点内容进行分析，深刻而正确地理解招标文件和招标人的意图。

A. 技术规范、图纸

B. 投标人须知

C. 合同条件

D. 工程量清单

E. 招标公告

3. 工程量清单计价最高投标限价与投标报价组成费用中，应按照国家、行业和地方政府的法律法规及相关规定来计算的有(　　)。

A. 规费

B. 企业管理费

C. 安全文明施工费

D. 暂列金额

E. 税金

答案与解析

一、单项选择题

1. D；2. D；3. C；4. D；5. A；6. D；7. D；8. C

二、多项选择题

1. BCDE；2. ABCD；3. AC；

单选解析

多选解析

第6节　安装工程价款结算和合同价款的调整

复习要点

1. 安装工程合同价款调整和结算概述

(1) 安装工程合同价款调整和结算的依据

①《建设工程工程量清单计价规范》GB 50500—2013 和《通用安装工程工程量计算规范》GB 50856—2013；

② 安装工程施工合同；

③ 投标文件；

④ 招标文件及招标工程量清单；

⑤ 安装工程设计文件及相关资料；

⑥ 工程变更、工程现场签证、索赔等可以增减合同价款的资料；

⑦ 行业建设主管部门发布的工程造价信息；

⑧ 国家法律、法规和地方相关的标准、规范和定额；

⑨ 安装工程材料（设备）价格确认单；

⑩ 其他依据。

（2）安装工程合同价款调整和结算的流程

1）合同价款调整

法规变化类合同价款调整事项	国家法律、法规、规章和政策发生变化的风险，由发包人承担
工程变更类合同价款调整事项	工程变更
	项目特征不符
	工程量清单缺项
	工程偏差
	计日工
物价变化类合同价款调整事项	物价波动
	暂估价
工程索赔类合同价款调整事项	不可抗力
	提前竣工（赶工补偿）与误期赔偿
	索赔
其他类合同价款调整事项	现场签证

2）合同价款结算

预付款；期中支付；竣工结算；最终结清。

2. 安装工程合同价款调整和结算应用示例

略。

一、单项选择题（每题的备选项中，只有 1 个最符合题意）

1. 下列不属于安装工程合同价款调整和结算依据的是（   ）。

    A. 投标文件

    B. 招标文件及招标工程量清单

    C. 安装工程设计文件及相关资料

    D. 市场价格信息

2. 某执行 2013 清单规范的固定单价合同的工程，招标工程量清单列出的工程量为 100，投标的综合单价为 50，结算时的工程量为 150，问：不执行投标综合单价的工程量为（   ）。

A. 100

B. 50

C. 40

D. 35

3. 某执行 2013 清单规范的固定单价合同的工程，某材料在造价信息单价（基准单价）为 100 时，承包人投标报价单价为 150，风险幅度为 5%，当施工期间该材料造价信息单价为 80 时，若按清单规范的规定，结算时其材料单价调整为（   ）。

A. 80

B. 100

C. 135

D. 150

4. 工程项目完工并经竣工验收合格后，发、承包双方按照施工合同的约定对所完成的工程项目进行合同价款的计算、调整和确认，此工作称为（   ）。

A. 工程竣工结算

B. 工程预算

C. 工程竣工决算

D. 工程进度款支付

5. 因国家法律、法规、规章和政策发生变化影响合同价款的风险，发、承包双方应在合同中约定承担人为（   ）。

A. 发包人

B. 承包人

C. 发、承包双方均摊

D. 发、承包双方约定分摊

6. 某管道工程招标工程量清单数量为 2600m，施工中由于设计变更管道长度调增为 3120m，该项目最高投标限价综合单价为 1700 元/m，投标报价为 2125 元/m，调整后的合同价款应为（   ）元。

A. 5304000

B. 6607900

C. 5525000

D. 4420000

7. 某安装工程合同价款为 3000 万元，主要材料和设备费用为合同价款的 62.5%。合同规定预付款为合同价款的 25%。则该工程预付款及起扣点分别为（   ）万元。

月份	1月	2月	3月	4月	5月	6月
结算额	300	400	500	800	600	400
累计结算额	300	700	1200	2000	2600	3000

A. 750   1125

B. 750   1800

C. 1125   1200

D. 1875 1200

8. ［2019年陕西］发包人应在工程开工后的28d内预付不低于当年施工进度计划的安全文明施工费总额的( )。

A. 20%

B. 40%

C. 60%

D. 90%

答案与解析

一、单项选择题

1. D；2. D；3. C；4. A；5. A；6. B；7. B；8. C

单选解析

第7节 安装工程竣工决算价款的编制

复习要点

1. 安装工程竣工决算的编制概述

（1）建设项目竣工决算的概念及作用

1）建设项目竣工决算的概念

竣工决算是以实物数量和货币指标为计量单位，综合反映竣工项目从筹建开始到项目竣工交付使用为止的全部建设费用、投资效果和财务情况的总结性文件，是竣工验收报告的重要组成部分。

2）建设项目竣工决算的作用

① 建设项目竣工决算是综合全面地反映竣工项目建设成果及财务情况的总结性文件，其采用货币指标、实物数量、建设工期和各种技术经济指标综合，全面地反映建设项目自开始建设到竣工为止的全部建设成果和财务状况。

② 建设项目竣工决算是办理交付使用资产的依据，也是竣工验收报告的重要组成部分。

③ 建设项目竣工决算是分析和检查设计概算的执行情况，考核建设项目管理水平和投资效果的依据。

（2）竣工决算的编制内容

1）竣工决算的内容

建设项目竣工决算应包括从筹集到竣工投产全过程的全部实际费用，即包括建筑工程费、安装工程费、设备工器具购置费及预备费等费用。根据相关文件规定，竣工决算是由竣工财务决算说明书、竣工财务决算报表、工程竣工图和工程竣工造价对比分析四部分组成。其中，竣工财务决算说明书和竣工财务决算报表两部分又称建设项目竣工财务决算，是竣工决算的核心内容。

竣工财务决算说明书	竣工财务决算说明书主要反映竣工工程建设成果和经验，是对竣工决算报表进行分析和补充说明的文件，是全面考核分析工程投资与造价的书面总结，是竣工决算报告的重要组成部分
竣工财务决算报表	基本建设竣工决算报表包括：①项目概况表；②项目竣工财务决算表；③交付使用资产总表；④交付使用资产明细
建设工程竣工图	建设竣工图是真实记录各种地上、地下建筑、构筑物等情况的技术文件，是工程进行交工验收、维护、改建和扩建的依据，是国家的重要技术档案
工程造价对比分析	对控制工程造价所采取的措施、效果及其动态的变化需要认真地进行比较，总结经验教训。批准概算是考核建设工程造价的依据。其主要分析下列内容： ① 主要实物工程量。 ② 主要材料消耗量。 ③ 考核建设管理费、措施费和间接费的取费标准

2）竣工决算的编制

① 编制依据

a. 经批准的可行性研究报告、投资估算书，初步设计或扩大初步设计，修正总概算及其批复文件。

b. 经批准的施工图设计及其施工图预算书。

c. 设计交底或图纸会审会议纪要。

d. 设计变更记录、施工记录或施工签证单及其他施工发生的费用记录。

e. 招标控制价，承包合同、工程结算等相关资料。

f. 历年基建计划、历年财务决算及批复文件。

g. 设备、材料调价文件和调价记录。

h. 相关财务核算制度、办法和其他相关资料。

② 竣工决算编制要求

a. 按照规定组织竣工验收，保证竣工决算的及时性。

b. 累计、整理竣工项目资料，保证竣工决算的完整性。

c. 清理、核对各项目账单，保证竣工决算的正确性。

③ 竣工决算的编制步骤

a. 收集、整理和分析关于依据资料。

b. 清理各项财务、债务和结余物资。

c. 核实工程变动情况。

d. 编制建设工程竣工决算说明。

e. 填写竣工决算报告。

f. 做好工程造价对比分析。

g. 清理、装订好竣工图。

h. 上报主管部门审查存档。

2. 安装工程合同价款调整和决算应用示例

略。

一、单项选择题 （每题的备选项中，只有1个最符合题意）

1. 建设项目竣工决算的概念及作用，下列说法错误的是（   ）。

   A. 通过竣工决算，能够正确反映建设工程的实际造价和投资结果

   B. 建设项目竣工决算是办理交付使用资产的依据

   C. 建设项目竣工决算应包括从筹集到竣工投产全过程的全部实际费用

   D. 竣工决算由竣工财务决算说明书、竣工财务决算报表、工程竣工图组成

2. 关于建设项目竣工决算的概念，下列说法错误的是（   ）。

   A. 通过竣工决算，能够正确反映建设工程的实际造价和投资结果

   B. 竣工决算是正确核定新增固定资产价值，考核分析投资效果，建立健全经济责任制的依据

   C. 竣工决算以实物数量为计量单位

   D. 可以通过竣工决算与概算、预算的对比分析，考核投资控制的工作成效

3. 项目建设单位应在项目竣工后（   ）内完成竣工财务决算的编制工作，并报主管部门审核。

   A. 三个月

   B. 六个月

   C. 一个月

   D. 四个月

4. 关于竣工财务决算说明书，下列说法错误的是（   ）。

   A. 竣工财务决算说明书主要反映竣工工程建设成果和经验

   B. 是对竣工决算报表进行分析和补充说明的文件

   C. 是全面考核分析工程投资与造价的书面总结

   D. 是竣工报告的重要组成部分

5. 项目一般不得预留尾工工程，确需预留尾工工程的，尾工工程投资不得超过批准的项目概（预）算总投资的（   ）。

   A. 5％

   B. 2％

   C. 10％

   D. 1％

6. 关于交付使用资产明细表，下列说法错误的是（   ）。

   A. 该表反映交付使用的固定资产、流动资产、无形资产和其他资产及其价值的明细情况

   B. 其是办理资产交接和接收单位登记资产账目的依据

   C. 其是使用单位建立资产明细账和登记新增资产价值的依据

D. 大、中型项目均需编制此表，小型建设项目可以不编制

7. 关于建设工程竣工图，下列说法错误的是（　　）。

A. 重新绘制改变后的竣工图，由原设计原因造成的，设计单位负责重新绘制

B. 重新绘制改变后的竣工图，由施工原因造成的，承包人负责重新绘图

C. 应绘制反映竣工工程全部内容的工程设计平面示意图

D. 凡按图竣工没有变动的，由发包人在原施工图上加盖"竣工图"标志后，即作为竣工图

8. 基本建设项目竣工决算报表不包括（　　）。

A. 项目概况表

B. 项目竣工财务决算表

C. 交付使用资产总表

D. 未交付使用资产明细表

二、多项选择题（每题的备选项中，有 2 个或 2 个以上符合题意，至少有 1 个错项）

1. 竣工决算由（　　）组成。

A. 竣工财务决算说明书

B. 竣工财务决算报表

C. 工程竣工图

D. 工程竣工造价对比分析

E. 竣工报告

2. 关于工程造价对比分析，在实际工作中，应主要分析（　　）。

A. 主要实物工程量

B. 主要材料消耗量

C. 考核建设单位管理费

D. 考核措施费和间接费的取费标准

E. 主要人员工资

3. 建设项目竣工决算应包括从筹集到竣工投产全过程的全部实际费用，即包括建筑工程费和（　　）。

A. 设备工器具购置费用

B. 预备费

C. 安装工程费

D. 流动资金

E. 建设期利息

4. 竣工决算的核心内容是（　　）。

A. 竣工财务决算说明书

B. 竣工财务决算报表

C. 工程竣工图

D. 工程竣工造价对比分析

E. 财务情况的总结性文件

答案与解析

一、单项选择题

1. D；2. C；3. A；4. D；5. A；6. D；7. D；8. D

二、多项选择题

1. ABCD；2. ABCD；3. ABC；4. AB

单选解析

多选解析

2021年二级造价师执业资格考试

建设工程计量与计价实务（安装）

模拟试卷（一）

得分	评卷人

一、单项选择题（共40题，每题1分，每题的备选项中，只有一个最符合题意。）

1. 湿式报警装置不包括（　　）。
   A. 蝶阀　　　　　　　　　　　　B. 两用阀
   C. 过滤器　　　　　　　　　　　D. 延时器

2. 水流指示器，减压孔板，按连接形式、型号、规格以（　　）计算。减压孔板若在法兰盘内安装，其法兰计入组价。
   A. "只"　　　　　　　　　　　　B. "台"
   C. "个"　　　　　　　　　　　　D. "套"

3. 末端试水装置，按规格、组装形式以（　　）计算。末端试水装置，包括压力表、控制阀等附件安装。末端试水装置安装中不含连接管及排水管安装，其工程量并入消防管道。
   A. "只"　　　　　　　　　　　　B. "组"
   C. "个"　　　　　　　　　　　　D. "套"

4. 室内外消火栓，按安装方式、型号、规格，附件的材质和规格以（　　）计算。
   A. "只"　　　　　　　　　　　　B. "组"
   C. "套"　　　　　　　　　　　　D. "个"

5. 关于消防工程常用图例，"⌖"表示（　　）。
   A. 按钮　　　　　　　　　　　　B. 电源
   C. 警铃　　　　　　　　　　　　D. 喇叭

6. 不锈钢管管件，按设计图示数量以（　　）计算；选择阀、气体喷头，按设计图示数量以（　　）计算。
   A. "台"、"个"　　　　　　　　　B. "只"、"台"
   C. "套"、"个"　　　　　　　　　D. "个"、"个"

7. 自动报警控制装置包括控制器，烟、温感，声光报警器等，还包括（　　）。
   A. 单向阀　　　　　　　　　　　B. 驱动气瓶
   C. 支框架　　　　　　　　　　　D. 手动报警器

8. 根据通风空调工程主要图例符号，排风管代号为（　　）。
   A. SF　　　　　　　　　　　　　B. PY
   C. PF　　　　　　　　　　　　　D. XB

9. 识读给水施工图的正确顺序是（　　）。①阅读施工说明，了解设计意图；②对管路中的设备、器具的数量、位置进行分析；③了解和熟悉给水排水设计和验收规范中部分卫生器具的安装高度；④按供水流向，由底层至顶层逐层看图。

A. ②①③④   B. ①②③④

C. ①④②③   D. ③④②①

10. 电器安装工程主要图例符号"$\boxed{\downarrow}$"代表( )。

A. 感烟探测器   B. 感温探测器

C. 手动报警装置   D. 火灾报警装置

11. 中杆灯是指安装高度( )m 的灯杆上的照明器具。

A. 小于等于 19   B. 小于等于 20

C. 小于 19   D. 小于 20

12. 消防工程常用图例"⌒"表示( )。

A. 按钮   B. 电源

C. 警铃   D. 喇叭

13. 电器工程中选用的设备和装置，其生产厂家往往随( )附上电器图。

A. 产品质量合格证   B. 包装

C. 产品采购表   D. 产品使用说明书

14. 安装工程工程量清单编制的准备工作不包括( )。

A. 初步研究   B. 现场踏勘

C. 拟定常规施工组织设计   D. 参加标前会议

15. 下列不属于臂架类型起重机的是( )。

A. 门座式起重机   B. 塔式起重机

C. 门式起重机   D. 桅杆式起重机

16. 给水排水、供暖、燃气管道，本分部工程包括管道支吊架、设备支吊架、套管共3个分项工程。管道支架、设备支架两个清单项目计量单位分别是( )和( )。

A. "kg"、"套"   B. "套"、"kg"

C. "个"、"套"   D. "kg"、"台"

17. 下列关于给水排水、供暖、燃气工程计量说明的表述，说法有误的是( )。

A. 管道热处理、无损探伤，应按规范附录 H 工业管道工程相关项目编码列项

B. 燃气管道室内外界限划分：从地下引入室内的管道以室内第一个阀门为界，从地上引入室内的管道以墙外三通为界

C. 供暖管道室内外界限划分：以建筑物外墙皮 2.5m 为界，入口处设阀门者以阀门为界

D. 排水管道室内外界限划分：以出户第一个排水检查井为界

18. 给水排水、供暖、燃气管道，本分部工程包括管道支吊架、设备支吊架、套管共3个分项工程。成品支架以( )计量，按设计图示数量计算。

A. "台"   B. "套"

C. "个"   D. "kg"

19. 以下有关管道附件工程计量的表述，说法错误的是( )。

A. 法兰阀门安装包括法兰连接，不得另计；阀门安装如仅为一侧法兰连接时，应

在项目特征中描述

  B. 减压器规格按高压侧管道规格描述

  C. 焊接法兰阀门，项目特征应对压力等级、焊接方法进行描述

  D. 水表安装项目，用于室外井内安装时以"组"计算；用于室内安装时，以"个"计算，综合单价中包括表前阀

20. 供暖、给水排水设备的计量均按设计图示数量计算。地源（水源、气源）热泵机组的计量单位为（ ）。

  A. "组"   B. "套"

  C. "个"   D. "台"

21. 在进行供暖工程系统调试或空调水工程系统调试的计量时，应分别按供暖或空调水工程系统计算，计量单位均为（ ）。

  A. "套"   B. "组"

  C. "台"   D. "系统"

22. 下列说法不正确的是（ ）。

  A. 空调器按设计图示数量，以"台"或"组"为计量单位

  B. 过滤器以"台"计量，按设计图示数量计算

  C. 过滤器以"面积"计量，按设计图示尺寸以过滤面积计算

  D. 滤水器按设计图示数量，以"台"为计量单位计算

23. 交接箱、分线箱（盒）按设计图示数量以（ ）计算。

  A. "套"   B. "个"

  C. "组"   D. "台"

24. 下列关于工料单价法步骤的表述，说法有误的是（ ）。

  A. 工料分析即按分项工程项目，依据定额或单位估价表，计算人工和各种材料的实物耗量，并将主要材料汇总成表

  B. 编制前的准备工作主要包括两大方面：一是组织准备；二是资料的编制说明

  C. 图纸是编制施工图预算的基本依据，必须充分地熟悉图纸，才能编制好预算

  D. 划分的工程项目必须和定额规定的项目一致，才能正确地套用定额

25. 预算定额按专业性质划分，可分为建筑工程预算定额和（ ）。

  A. 劳动定额   B. 机械定额

  C. 材料定额   D. 安装工程预算定额

26. 关于预算定额作用的描述，错误的是（ ）。

  A. 预算定额是编制概算定额的基础

  B. 概算定额是编制预算定额的基础

  C. 预算定额是编制施工组织设计的依据

  D. 预算定额是编制施工图预算、确定建筑安装工程造价的基础

27. （ ）是编制施工图预算的主要依据，是确定和控制工程造价的基础。

  A. 概算定额   B. 预算定额

  C. 施工定额   D. 消耗量定额

28. （ ）焊接速度快，焊缝质量好，特别适合于焊接大型工件的直缝和环缝。

A. 埋弧焊   B. 电阻焊

C. 激光焊   D. 电弧焊

29. 关于建筑给水排水工程施工图常用图例，管道连接"———▶———"表示( )。

    A. 法兰连接   B. 承插连接

    C. 三通连接   D. 活接头

30. 工程决算的重要依据是( )。

    A. 工程经费概算   B. 工程经费预算

    C. 设计图概算   D. 设计图预算

31. 某电器工程在楼板内敷设 JDG 薄壁钢管 $DN25$，工程量为 1.0m，预算定额表中人工综合 0.068 工日，定额人工单价 82 元/工日（市场价格为 100 元/工日），材料费 1.43 元，JDG 薄壁钢管为 1.03m（施工期市场价为 6 元/m），机械费 0.21 元，则该分项工程预算单价为( )。

    A. 7.22 元   B. 8.44 元

    C. 13.50 元   D. 14.62 元

32. 人工工资指导价一般每年发布( )。

    A. 一次   B. 两次

    C. 四次   D. 六次

33. 下列关于人工费的计算和调整，说法错误的是( )。

    A. 人工工资指导价是建设工程编制概预算、最高投标限价的依据，是施工企业投标报价的参考

    B. 建设单位应在招标文件中考虑人工工资指导价调整因素

    C. 应在招标文件中明确约定人工费调整方法

    D. 人工工资指导价作为动态反映市场用工成本变化的价格要素，计入定额基价

34. ( )是建设单位编制预算、标底和解决造价争议的依据，是施工企业投标报价的参考信息。

    A. 指导价   B. 定额预算价

    C. 信息价   D. 参考价

35. 反映市场用工成本变化的价格要素，计入定额基价，并计取相关费用的是( )。

    A. 人工工资指导价   B. 人工工资单价

    C. 人工费   D. 人工计日价

36. 依据《通用安装工程工程量计算规范》GB 50856—2013 的规定，工程量按设计图示外径尺寸以展开面积计算的通风管道是( )。

    A. 碳钢通风管道   B. 铝板通风管道

    C. 玻璃钢通风管道   D. 塑料通风管道

37. 根据《通用安装工程工程量计算规范》GB 50856—2013 的规定，附属工程中铁构件区分名称、材质、规格，按设计图示尺寸以( )为计量单位。

    A. "m"   B. "个"

    C. "kg"   D. "m²"

38. 线型探测器按设计图示规格以( )计算。

    A. "m"

    B. "点"

    C. "各"

    D. "组"

39. 依据电器设备安装工程量计算规则,配线进入箱、柜、板的预留长度应为盘面尺寸( )。

    A. 高+宽

    B. 高

    C. 宽

    D. 按实计算

40. 利用基础钢筋作接地极,应执行的清单项目是( )。

    A. 接地极项目

    B. 接地母线项目

    C. 基础钢筋项目

    D. 均压环项目

二、案例题

得分	评卷人

(单选题每题1分,每题的备选项中,只有一个正确答案。多选题每题2分,每题的备选项中,有2个或者2个以上符合题意,至少有一个错误选项。错选,本题不得分;少选,所选的每个选项得0.5分。)

1. 案例1

如图所示,某设备支架采用等边角钢和钢板制作,要求制作完后刷两道防锈漆,两道调和漆(不计刷漆量)。

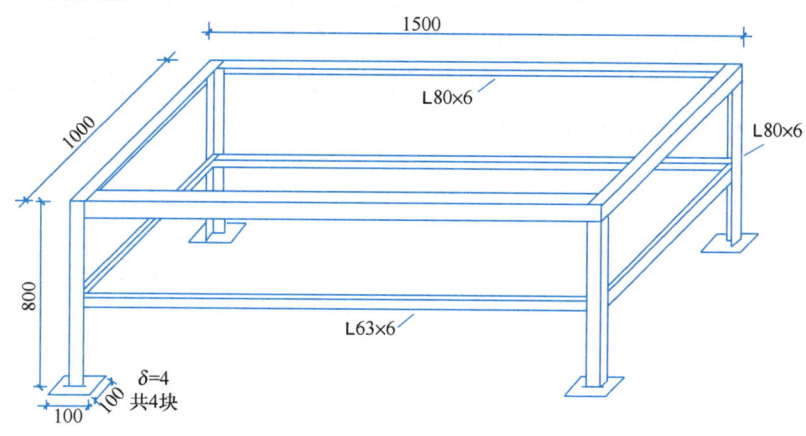

某设备支架图

41. 计算出角钢的重量为( )kg。

    A. 97.382

    B. 89.116

    C. 114.598

    D. 79.256

42. 计算出钢板的重量为( )kg。

    A. 0.789

    B. 1.598

    C. 2.678

    D. 1.256

43. 下列选项中,属于其他项目费编制内容的有( )。

    A. 安全文明施工费

    B. 暂列金额

    C. 规费

    D. 计日工

    E. 总承包服务费

44. 编制工程量清单时，安装工程工程量清单计量依据的文件包括( )。

    A. 经审定通过的项目可行性研究报告

    B. 国家或省级、行业建设主管部门颁发的现行计价依据和办法

    C. 常规施工方案

    D. 拟定的招标文件

    E. 经批准的项目建议书

45. 柔性软风管的计量方式有( )。

    A. 以"具"计量   B. 以"个"计量

    C. 以"段"计量   D. 以"米"计量

    E. 以"节"计量

46. 根据《通用安装工程工程量计算规范》GB 50856—2013 的规定，清单项目的五要素有( )。

    A. 项目名称   B. 项目特征

    C. 计量单位   D. 工程量计量规则

    E. 序号

2. 案例 2

某市某综合行政办公大楼共有 6 层，每层层高 4m。消火栓安装高度距地面 1.2m，分布在每层的楼梯入口。水喷头规格为 $\phi15$，有吊顶安装，玻璃头水喷头。消火栓及喷淋设备具体安装位置详见图 1～图 5。其中图 1 为大厦一层消防及喷淋平面图，图 4 为大厦二层消防及喷淋平面图，图 5 为大厦 3 至 6 层消防及喷淋系统平面图，消火栓立管入口，及喷淋供水立口接入部分均未画出，不计算。

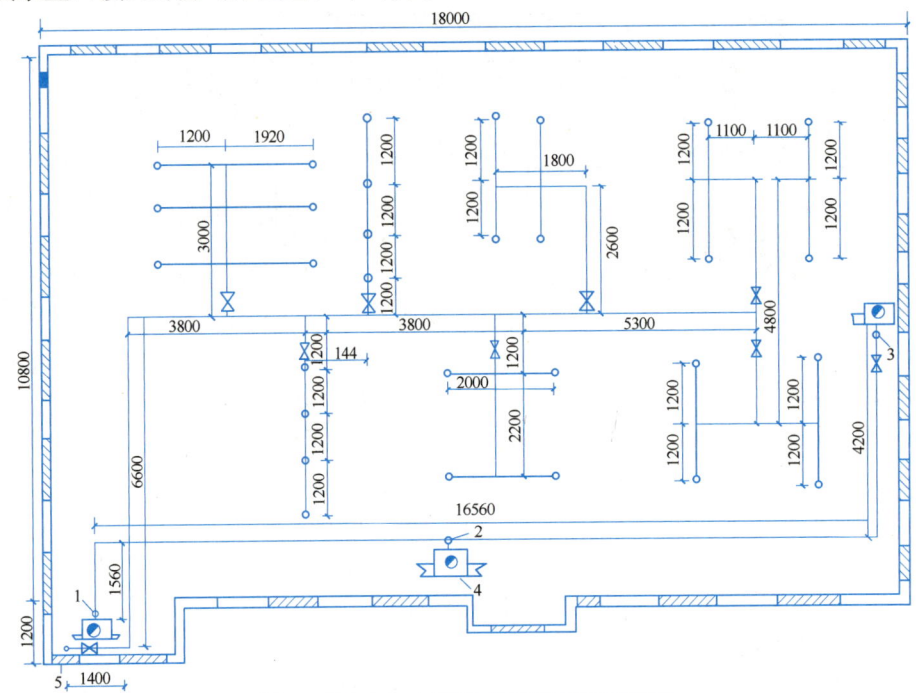

图 1　某大厦一层消防及喷淋系统平面图

1—立管（XL-1）；2—立管（XL-2）；3—立管（XL-3）；4—消火栓；5—供水管

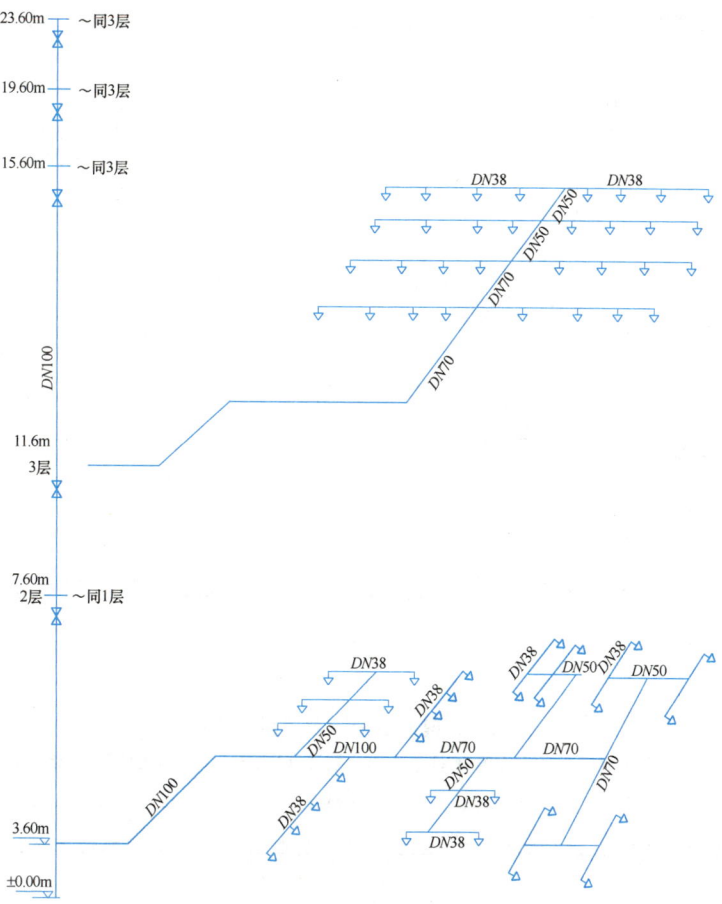

图 2　某大厦喷淋系统平面图

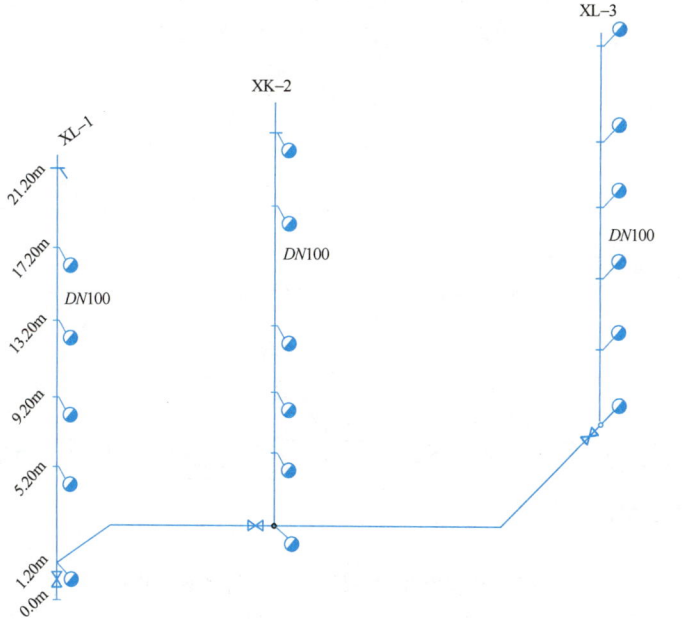

图 3　某大厦消防系统图

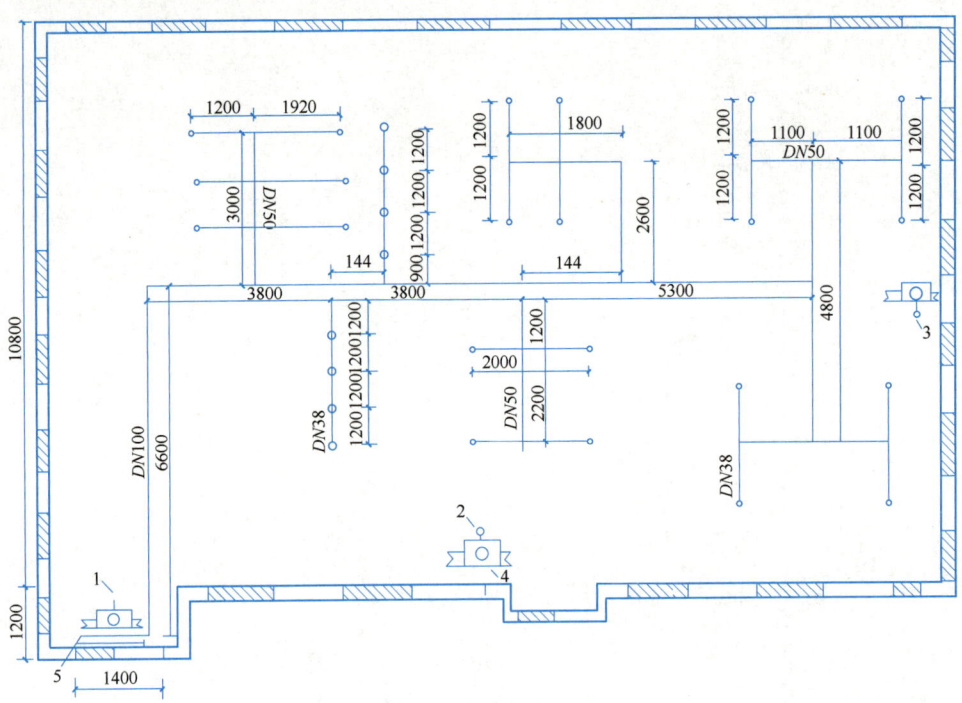

图 4 大厦二层消防及喷淋平面图

1—立管（XL-1）；2—立管（XL-2）；3—立管（XL-3）；4—消火栓；5—供水管

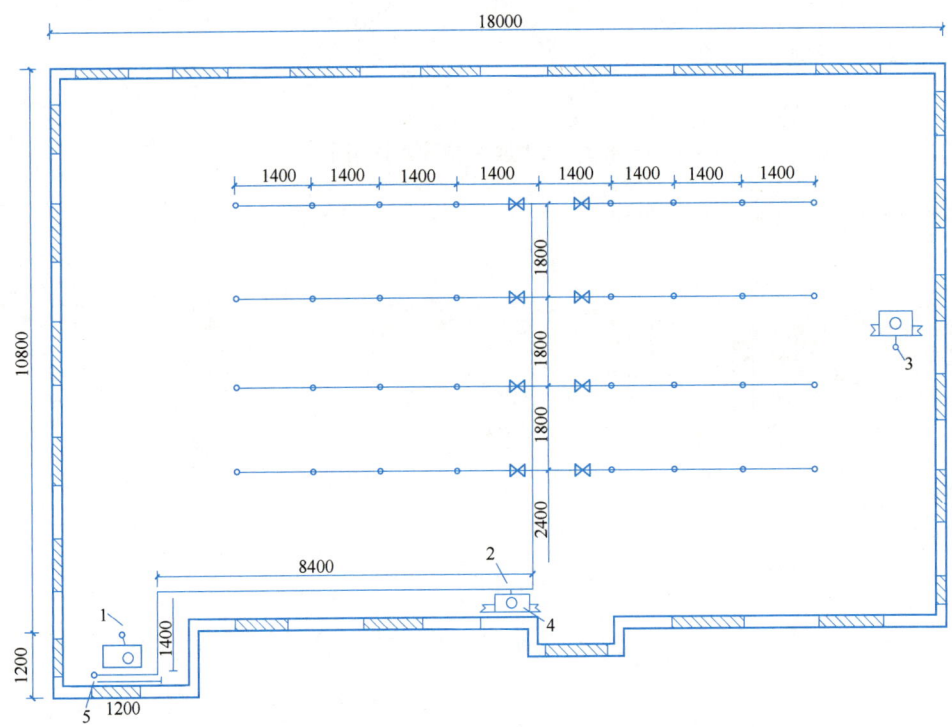

图 5 某大厦 3～6 层消防及喷淋系统平面图

1—立管（XL-1）；2—立管（XL-2）；3—立管（XL-3）；4—消火栓；5—供水立管

47. 计算出水喷淋钢管 *DN*100 的工程量为(　　)m。
　　A. 230. 6　　　　　　　　　　B. 136
　　C. 88. 312　　　　　　　　　　D. 98. 26

48. 计算出水喷淋钢管 *DN*38 的工程量为(　　)m。
　　A. 228. 36　　　　　　　　　　B. 253. 32
　　C. 179. 2　　　　　　　　　　D. 88. 312

49. 管道安装完毕,热处理和无损检验合格后,应进行压力试验,压力试验按试验时所采用的介质不同可分为(　　)。
　　A. 液压试验　　　　　　　　　　B. 气压试验
　　C. 密封试验　　　　　　　　　　D. 真空试验
　　E. 渗透试验

50. 下列哪些调试属于防火控制装置的调试(　　)。
　　A. 防火卷帘门控制装置调试　　　B. 消防水炮控制装置调试
　　C. 消防水泵控制装置调试　　　　D. 离心式排烟风机控制装置调试
　　E. 电动防火阀、电动排烟阀调试

51. 机械设备以"台"为单位的有(　　)。
　　A. 直流电梯　　　　　　　　　　B. 冷水机组
　　C. 多级离心泵　　　　　　　　　D. 风力发电机
　　E. 自动电梯

3. 案例 3

某房地产开发公司与某施工单位签订了一份价款为 1000 万元的建筑工程施工合同,合同工期为 7 个月。工程价款约定如下:(1)工程预付款为合同价的 10%;(2)工程预付款扣回的时间及比例:自工程款(含工程预付款)支付至合同价款的 60% 后,开始从当月的工程款中扣回工程预付款,分两个月扣回;(3)工程质量保修金为工程结算总价的 5%,竣工结算时一次性扣留;(4)工程款按月支付,工程款达到合同总造价的 90% 时停止支付,余款待工结算完成后并扣除保修金后一次性支付。

每月完成的工作量如下表:

月份	3	4	5	6	7	8	9
实际完成工作量（万元）	80	160	170	180	160	130	120

工程施工过程中,双方签字认可因钢材涨价增补价差 5 万元,因施工单位保管不力罚款 1 万元。

52. 列式计算本工程预付款及其起扣点分别是(　　)万元
　　A. 80　　　　　　　　　　　　　B. 100
　　C. 120　　　　　　　　　　　　D. 160

53. 工程预付款从(　　)月份开始起扣。
　　A. 4　　　　　　　　　　　　　B. 5
　　C. 6　　　　　　　　　　　　　D. 7

54. 7 月份开发公司应支付工程款(　　)万元。

A. 100   B. 110

C. 130   D. 140

55. 根据《建设工程工程量清单计价规范》，关于国有资金的投资项目招标控制价的说法，正确的有(　　)。

    A. 招标控制价可以在公布后上调或下浮

    B. 招标控制价是对招标工程限定的最高限价

    C. 招标控制价的作用与标底完全相同

    D. 招标控制价超过批准的概算时，招标人应将招标控制价及相关资料报送工程所在地工程造价管理机构备查

    E. 原概算审批部门审核投标人的投标报价高于招标控制价的，其投标应予以拒绝

56. 本工程保修金是(　　)万元。

    A. 48.2   B. 50

    C. 50.2   D. 56

57. 下列成本管理的指标中，属于施工成本计划效益指标的是(　　)。

    A. 按分部汇总的各单位工程（或子项目）计划成本指标

    B. 按人工、材料、机械等各主要生产要素计划成本指标

    C. 责任目标成本计划降低率

    D. 责任目标成本计划降低额

58. 施工成本计划的编制方式有(　　)。

    A. 按成本组成编写   B. 按项目结构编写

    C. 按工程实施阶段编写   D. 按工程量清单编写

    E. 按合同结构编写

59. 按施工成本构成编制施工成本计划时，施工成本可以分解为(　　)。

    A. 人工费   B. 材料费

    C. 施工机械使用费   D. 规费

    E. 企业管理费

60. 在进行工程项目费用控制时，可以立即判断费用超支并应采取纠偏措施的情况有(　　)。

    A. 费用超出预算，施工进度正常   B. 费用超出预算，施工进度提前

    C. 费用低于预算，施工进度正常   D. 费用低于预算，施工进度拖延

    E. 费用超出预算，施工进度拖延

61. 可以为施工成本形成过程和影响成本升降因素进行分析而提供资料（依据）的主要有(　　)。

    A. 财务核算   B. 经济核算

    C. 会计核算   D. 业务核算

    E. 统计核算

62. 根据《建设工程工程量清单计价规范》，关于单价项目中风险及其费用的说法，正确的有(　　)。

    A. 关于招标文件中要求投标人承担的风险，投标人应在综合单价中给予考虑

B. 投标人在综合单价中考虑风险费时通常以风险费率的形式进行计算

C. 招标文件中没有提到的风险,投标人在综合单价中不予考虑

D. 关于风险范围和风险费用的计算方法应在专用合同条款中作出约定

E. 施工中出现的风险内容及其范围在招标文件规定的范围内时,综合单价不得变动

4. 案例4

总承包施工合同是以工程量清单为基础的固定单价合同,合同约定 A 分项工程、B 分项工程当实际工程量与清单工程量差异幅度在+5%以内的按清单价结算,超出幅度大于5%时,按清单价的0.9倍结算。减少幅度大于5%时,按清单价的1.1倍结算。

分项工程	甲	乙
清单价（m³）	42	560
清单工程量（m³）	5400	6200
实际工程量（m³）	5800	5870

63. 当工程量偏差引起合同价款调整时,下列说法错误的是(   )。

A. 当工程量增加 15% 以上时,其增加部分的工程量的综合单价应予调低

B. 当工程量减少 15% 以上时,其减少后剩余部分的工程量的综合单价应予调高

C. 措施项目按单一总价方式计价,工程量偏差超过 15% 时,措施项目费不变

D. 措施项目按系数方式计价,工程量偏差超过 15%,且该变化引起措施项目相应调高

64. 甲分项工程的工程价款是(   )元。

A. 435780   B. 345854

C. 243054   D. 254689

65. 乙分项工程的工程价款是(   )元。

A. 3615920   B. 361204

B. 4852641   D. 332680

66. 在工程量清单计价模式下,单位工程最高投标限价计价表不包括的项目是(   )。

A. 措施项目   B. 直接费

C. 其他项目   D. 规费

67. 按编制单位和适用范围分类,可将建设工程定额分为(   )。

A. 国家定额   B. 建筑工程定额

C. 行业定额   D. 地区定额

E. 企业定额

68. 多栋建筑物下有连通的地下室时,地上建筑物的工程类别同(   )工程;其地下室部分的工程类别同(   )工程。

A. 有地下室的建筑物   B. 无地下室的建筑物

C. 单独地下室   D. 单栋有地下室的建筑物

E. 单栋无地下室的建筑物

69. 根据《建设工程工程量清单计价规范》,关于投标人其他项目费编制的说法,正

确的有(　　)。

    A. 专业工程暂估价必须按照招标工程量清单中列出的金额填写

    B. 材料暂估价由投标人根据市场价格变化自主测算确定

    C. 暂列金额应按照招标工程量清单列出的金额填写，不得变动

    D. 计日工应按照招标工程量清单列出的项目和数量自主确定各项综合单价

    E. 总承包服务费应根据招标人要求提供的服务和现场管理需要自主确定

70. 投标单位遇到(　　)等情形时，其报价可低一些。

    A. 附近有工程而本项目可利用该工程的设备、劳务或有条件短期内突击完成的工程

    B. 支付条件差的工程

    C. 投标对手多，竞争激烈的工程

    D. 施工条件好的工程，工作简单、工程量大而其他投标人都可以做的工程

    E. 投标单位虽已在某一地区经营多年，但即将面临没有工程的情况，机械设备无工地转移

71. 采用赢得值法进行费用和进度综合分析控制时，需要计算的基本参数有(　　)。

    A. 计划工作实际费用　　　　　　　　B. 计划工作预算费用

    C. 已完工作实际费用　　　　　　　　D. 已完工作预算费用

    E. 拟完工作实际费用

72. 下列有关工程成本的指标中，属于施工成本计划数量指标的有(　　)。

    A. 设计预算成本计划降低额

    B. 按子项汇总的工程项目计划总成本指标

    C. 责任目标成本计划降低率

    D. 按人工、材料、机械等生产要素汇总的计划成本指标

    E. 按分部汇总的各单位工程（或子项目）计划成本指标

73. 关于施工成本分析基本方法的用途的说法，正确的有(　　)。

    A. 比较法通过技术经济指标的对比，检查目标的完成情况，分析产生差异的原因

    B. 差额计算法将两个性质不同而又相关的指标加以对比，求出比率

    C. 因素分析法可用来分析各种因素对成本的影响程度

    D. 动态比率法将同类指标不同时期的数值进行对比，分析指标的发展方向和速度

    E. 相关比率法通过构成比率，考察各成本项目占成本总量的比重

74. 安装工程最高投标限价编制的依据包括(　　)。

    A. 施工组织设计和施工方案

    B. 建设工程设计文件及相关资料

    C. 拟定的招标文件及招标工程量清单

    D. 施工现场情况、工程特点及常规施工方案

    E. 工程造价管理机构发布的工程造价信息及市场价

75. 确定参加投标后，为保证工程量清单报价的合理性，应对(　　)等重点内容进行分析，深刻而正确地理解招标文件和招标人的意图。

    A. 技术规范、图纸　　　　　　　　　B. 投标人须知

C. 合同条件   D. 工程量清单

E. 招标公告

76. 工程量清单计价最高投标限价与投标报价组成费用中，应按照国家、行业和地方政府的法律法规及相关规定来计算的有(　　)。

A. 规费   B. 企业管理费

C. 安全文明施工费   D. 暂列金额

E. 税金

参考答案

一、单项选择题

1. B； 2. C； 3. B； 4. C； 5. C； 6. D； 7. D； 8. C； 9. C； 10. B；

11. A； 12. C； 13. D； 14. D； 15. C； 16. A； 17. C； 18. B； 19. D； 20. A；

21. D； 22. D； 23. B； 24. B； 25. D； 26. B； 27. B； 28. A； 29. B； 30. A；

31. C； 32. B； 33. C； 34. A； 35. A； 36. C； 37. C； 38. A； 39. A； 40. D

二、案例题

41. B； 42. D； 43. BDE； 44. BCD； 45. DE； 46. ABC；

47. B； 48. B； 49. AB； 50. AE； 51. CD； 52. B；

53. C； 54. A； 55. BDE； 56. C； 57. D； 58. ABC；

59. ABCE； 60. AE； 61. CDE； 62. ABDE； 63. C； 64. C；

65. A； 66. B； 67. ABCE； 68. AC； 69. C； 70. ACDE；

71. BCD； 72. BDE； 73. ACD； 74. BCDE； 75. ABCD； 76. AC

2021年二级造价师执业资格考试

建设工程计量与计价实务（安装）

模拟试卷（二）

得分	评卷人

一、单项选择题（共40题，每题1分，每题的备选项中，只有一个最符合题意。）

1. 建筑智能化工程主要包括（　　）。
   A. 设备运行管理与监控系统　　　　B. 通信自动化系统
   C. 消防系统　　　　　　　　　　　D. 安全防范自动化系统

2. 热源和散热设备分开设置，由管网将它们连接，以锅炉房为热源作用于一栋或几栋建筑物的供暖系统类型为（　　）。
   A. 局部供暖系统　　　　　　　　　B. 分散供暖系统
   C. 集中供暖系统　　　　　　　　　D. 区域供暖系统

3. 电器配管配线工程中，对潮湿、有机械外力、有轻微腐蚀气体场所的明、暗配管应选用的管材为（　　）。
   A. 半硬塑料管　　　　　　　　　　B. 硬塑料管
   C. 焊接钢管　　　　　　　　　　　D. 电线管

4. 工程中高压管道指的是（　　）的管道。
   A. 高压 $10.00\text{MPa} < P \leqslant 42.00\text{MPa}$　　B. 高压 $10.00\text{MPa} \leqslant P < 42.00\text{MPa}$
   C. 高压 $6.00\text{MPa} < P \leqslant 10.00\text{MPa}$　　D. 高压 $6.00\text{MPa} \leqslant P < 10.00\text{MPa}$

5. 球阀是近年来发展最快的阀门品种之一，其主要特点为（　　）。
   A. 密封性能好，但结构复杂
   B. 启闭慢、维修不方便
   C. 不能用于输送氧气、过氧化氢等介质
   D. 适用于含纤维、微小固体颗粒的介质

6. 某 $DN100$ 的输送常温液体的管道，在安装完毕后应做的后续辅助工作为（　　）。
   A. 气压试验，蒸汽吹扫　　　　　　B. 气压试验，压缩空气吹扫
   C. 水压试验，系统清洗　　　　　　D. 水压试验，压缩空气吹扫

7. 下列关于安装工程施工图标题栏的表述，说法错误的是（　　）。
   A. 标题栏应根据工程的需要选择确定其尺寸、格式及分区
   B. 在计算机制图文件中，当使用电子签名与认证时，应符合国家有关电子签名法的规定
   C. 涉外工程的标题栏内，设计单位的上方或左方，应加注中华人民共和国字样
   D. 涉外工程的标题栏内，各项主要内容的中文上方应附有译文

8. 通风空调系统在水平管安装调节装置时，插板应（　　）安装。

    A. 前端   B. 末端

    C. 顺气流   D. 逆气流

9. 电器施工图基本图包括图纸目录、设计说明等，不包括（　　）。

    A. 照明工程施工图   B. 控制原理图

    C. 系统图   D. 平面图

10. 以下选项中，（　　）不是给水排水工程平面图所表达的内容。

    A. 排水设备和管道的平面布置和设备数量；排水干管出户点及排水方式

    B. 排水管道系统的区分和相互间的关系

    C. 给水干管进户点和用水设备以及管道的平面布置、设备数量

    D. 给水管网的走向和用水设备用水供给任务的区分

11. 通风空调工程施工图是由基本图、详图及设计说明等组成的。基本图包括系统原理图、系统轴测图等，不包括（　　）。

    A. 大样图   B. 剖面图

    C. 立面图   D. 平面图

12. 在通风空调系统风管表面防腐施工时一般环境要求为（　　）。

    A. 不低于 0℃，相对湿度不小于 85%   B. 不低于 5℃，相对湿度不小于 85%

    C. 不低于 0℃，相对湿度不大于 85%   D. 不低于 5℃，相对湿度不大于 85%

13. 根据《通用安装工程工程量计算规范》，下列项目不以"m^2"为计量单位的是（　　）。

    A. 铝板通风管   B. 塑料通风管

    C. 柔性软风管   D. 不锈钢板通风管

14. 电力保护系统中保护电器设备免受雷电过电压或由操作引起内部过电压损害的设备是（　　）。

    A. 高压断路器   B. 互感器

    C. 避雷器   D. 变压器

15. 能够对电路及其设备进行短路和过负荷保护的设备是（　　）。

    A. 高压断路器   B. 高压隔离开关

    C. 高压熔断器   D. 变压器

16. 关于照明灯具的位置，说法错误的是（　　）。

    A. 现浇混凝土楼板，当室内只有一盏灯时，其灯位盒应设在纵横轴线中心的交叉处

    B. 有两盏灯时，灯位盒应设在长轴线中心与墙内净距离 1/4 的交叉处

    C. 住宅楼厨房灯位盒应设在厨房间的中心处

    D. 卫生间吸顶灯灯位盒，在窄面的中心处，灯位盒及配管距预留孔边缘不应小于 100mm

17. 关于电器线路工程中配管配线的安装方法，错误的是（　　）。

    A. 沿建筑物表面敷设时，在结构内预埋铁件，把支架焊在预埋件上，将管卡固定

    B. 砖墙暗敷设时，如果是清水墙，必须在砌砖时把管路预埋在墙内

C. 硬塑料管不得在高温和容易受机械损伤的场所敷设

D. 绝缘导线的额定电压不应低于 380V

18. 第一类、第二类和第三类防雷建筑物专设引下线不应少于(　　)，并应沿建筑物周围均匀布设。

A. 一根
B. 两根
C. 三根
D. 四根

19. 在建筑电器工程施工图中，用图形符号概略表示系统或分系统的基本组成、相互关系及其主要特征的简图称为(　　)。

A. 系统图
B. 平面图
C. 电路图
D. 详图

20. 表示成套装置、设备或装置的连接关系，用以进行接线和检查的简图，称为(　　)。

A. 系统图
B. 平面图
C. 电路图
D. 安装接线图

21. 下列不属于建筑通风中的风道系统的是(　　)。

A. 风管
B. 风帽
C. 阀部件
D. 排气罩

22. 普通民用建筑的居住、办公室等区域宜采用(　　)。

A. 自然通风
B. 机械通风
C. 局部排风
D. 局部送风

23. 在通风系统中，对于污染源比较固定的地点，从经济和有效方面应优先考虑的通风方式是(　　)。

A. 局部送风
B. 局部排风
C. 全面通风
D. 置换通风

24. 全压系数较大，效率较低，其进、出口均为矩形，易与建筑配合，目前大量应用于空调挂机、空调扇、风幕机等设备产品的通风机为(　　)。

A. 离心式通风机
B. 轴流式通风机
C. 活塞式通风机
D. 贯流式通风机

25. 与普通轴流通风机相比，在相同通风机重量或相同功率的情况下，能提供较大的通风量和较高的风压，可用于铁路、公路隧道的通风换气的通风机为(　　)。

A. 离心式压缩机
B. 射流式压缩机
C. 活塞式压缩机
D. 贯流式压缩机

26. 通风系统管式消声器的消声性能为(　　)。

A. 良好的低中频消声
B. 良好的低中高频消声
C. 良好的低高频消声
D. 良好的中高频消声

27. 使有害物随生产过程或设备本身产生或诱导的气流直接进入罩内的局部排风罩为(　　)。

A. 吹吸式排风罩
B. 接受式排风罩
C. 外部吸气罩
D. 密闭小室

28. 民用建筑空调制冷工程中，具有制造简单、价格低廉、运行可靠、使用灵活等优点，在民用建筑空调中占重要地位的冷水机组是(   )。

A. 离心式冷水机组
B. 活塞式冷水机组
C. 螺杆式冷水机组
D. 转子式冷水机组

29. 地源热系统与传统空调相比可节能(   )。

A. 20%～40%
B. 30%～50%
C. 40%～60%
D. 50%～70%

30. 施工组织总设计的作用是(   )。

A. 以单位（子单位）工程为对象编制
B. 指导工程施工管理的综合性文件
C. 对项目的施工过程进行统筹规划、重点控制
D. 具体指导施工作业过程

31. 对于短缝焊接，特别是对一些难以达到的部位的焊接可选用(   )。

A. 手弧焊
B. 等离子弧焊
C. 电渣焊
D. 埋弧焊

32. 电话交换设备安装，应根据项目特征，以(   )为计量单位。

A. "个"
B. "台"
C. "组"
D. "架"

33. 螺纹连接时采用(   )来作自然补偿。

A. 伸缩器
B. 方形补偿器
C. 弯头
D. 法兰

34. 充分发挥工程价格作用的主要障碍是(   )。

A. 工程造价信息的封闭
B. 投资主体责任制尚未完全形成
C. 传统的观念和旧的体制束缚
D. 工程造价与流通领域的价格联系被割断

35. 下列有关消防水泵接合器的作用，说法正确的是(   )。

A. 灭火时通过消防水泵接合器接消防水带向室外供水灭火
B. 火灾发生时消防车通过水泵接合器向室内管网供水灭火
C. 灭火时通过水泵接合器给消防车供水
D. 火灾发生时通过水泵接合器控制泵房消防水泵

36. 防腐工程量计算规定：设备及管道的表面除锈刷油以(   )为单位。

A. "kg"
B. "m³"
C. "m"
D. "m²"

37. 刷油、防腐、绝热工程的基本安装高度为(   )m。

A. 10
B. 6
C. 3.6
D. 5

38. 计量单位为"t"的是(   )。

A. 烟气换热器
B. 真空皮带脱水机

C. 吸收塔　　　　　　　　　　　D. 旋流器

39. 工程对象是整体的，文件内容是全面的，发挥作用是全方位的，这个说法指的是施工组织设计的(　　)。

A. 全过程　　　　　　　　　　　B. 技术性

C. 经济性　　　　　　　　　　　D. 全局性

40. 依据《通用安装工程工程量计算规范》，项目安装高度若超过基本高度，则应在"项目特征"中描述。对于附录G通风空调工程，其基本安装高度为(　　)m。

A. 3.6　　　　　　　　　　　　　B. 5

C. 6　　　　　　　　　　　　　　D. 10

得分	评卷人

二、多项选择题

（共20题，每题2分。每题的备选项中，有2个或者2个以上符合题意，至少有一个错误选项。错选，本题不得分；少选，所选的每个选项得0.5分。）

1. 依据《通用安装工程工程量计算规范》，对于在工业管道主管上挖眼接管的三通，下列关于工程量计算表述正确的有(　　)。

A. 三通不计算管件制作工程量

B. 三通支线管径小于主管径的1/2时，不计算管件安装工程量

C. 三通以支管径计算管件安装工程量

D. 三通以主管径计算管件安装工程量

E. 在主管上挖眼接管的焊接接头、凸台等配件，按配件管径计算管件工程量

2. 根据《通用安装工程工程量计算规范》，给水排水、供暖管道室内外界限划分正确的有(　　)。

A. 给水管以建筑物外墙皮1.5m为界，入口处设阀门者以阀门为界

B. 排水管以建筑物外墙皮3m为界，有化粪池时以化粪池为界

C. 供暖管地下引入室内以室内第一个阀门为界，地上引入室内以墙外三通为界

D. 供暖管以建筑物外墙皮1.5m为界，入口处设阀门者以阀门为界

E. 燃气管道地上引入室内的管道以墙外三通为界

3. 高级民用建筑室内给水，De≤63mm时热水管选用(　　)。

A. 给水聚丙烯　　　　　　　　　B. 给水聚氯乙烯

C. 给水聚乙烯　　　　　　　　　D. 给水衬塑铝合金

E. 无缝钢管

4. 综合布线系统使用的传输媒体有(　　)。

A. 大对数铜缆　　　　　　　　　B. 大对数铝缆

C. 非屏蔽双绞线　　　　　　　　D. 屏蔽双绞线

E. 阻燃控制电缆

5. 腐蚀（酸）非金属材料的主要成分是金属氧化物、氧化硅和硅酸盐等。下列选项中属于耐腐蚀（酸）非金属材料的是(　　)。

A. 铸石　　　　　　　　　　　　B. 石墨

C. 玻璃钢　　　　　　　　　　　D. 普通陶瓷

E. 混凝土

6. 灭火剂输送管道安装完成后，应进行(　　)和(　　)，并达到合格。

A. 强度试验 　　　　　　　　　B. 气压严密性试验

C. 水压严密性试验 　　　　　　D. 防腐试验

E. 闭水试验

7. 管道的防腐方法主要有(　　)。

A. 涂漆 　　　　　　　　　　　B. 衬里

C. 静电保护 　　　　　　　　　D. 阴极保护

E. 阳极保护

8. 电工测量指示仪表的种类繁多，按使用方式分类，可分为(　　)。

A. 隔爆式 　　　　　　　　　　B. 安装式

C. 可携带式 　　　　　　　　　D. 普通式

E. 防尘式

9. 关于安装工程计量与计价规范，说法正确的是(　　)。

A. 招标工程量清单必须作为招标文件的组成部分，其正确性和完整性应由招标人负责

B. 使用国有资金投资的建设工程发承包，宜采用工程量清单计价

C. 安全文明施工费不得作为竞争性费用

D. 建设工程发承包及实施阶段的工程造价应由分部分项工程费、措施项目费、其他项目费、规费和税金组成

E. 规费和税金不得作为竞争性费用

10. 塑料排水管比同口径铸铁管流量提高 30%，具有质轻、耐用、安装方便等优点，还包括(　　)的优点。

A. 物化性能优良 　　　　　　　B. 耐化学腐蚀

C. 抗冲强度高 　　　　　　　　D. 流体阻力大

E. 耐老化，使用寿命长

11. 就建筑电器施工图而言，一般遵循"六先六后"的原则，即(　　)。

A. 先强电后弱电 　　　　　　　B. 先系统后平面

C. 先动力后照明 　　　　　　　D. 先上层后下层

E. 先室外后室内

12. 以下几个选项中，(　　)是给水排水工程系统图所表达的内容。

A. 排水管道系统的区分和相互间的关系

B. 给水管道系统的区分和相互间的关系

C. 给水干管进户点和用水设备以及管道的平面布置、设备数量

D. 给水管网的走向和用水设备、用水供给任务的区分

E. 排水设备和管道的平面布置和设备数量；排水干管出户点及排水方式

13. 通风空调工程施工图是由基本图、详图及设计说明等组成的。基本图包括系统原理图、系统轴测图等，还包括(　　)。

A. 大样图 　　　　　　　　　　B. 立面图

C. 标准图   D. 平面图

E. 节点图

14. 以下几个选项中，（　　）是给水排水工程平面图所表达的内容。

A. 排水管道系统的区分和相互间的关系

B. 排水设备和管道的平面布置和设备数量；排水干管出户点及排水方式

C. 给水干管进户点和用水设备以及管道的平面布置、设备数量

D. 给水管网的走向和用水设备用水供给任务的区分

E. 给水管道系统的区分和相互间的关系

15. 按设计图示外径尺寸以展开面积计算的是（　　）。

A. 复合型风管   B. 碳钢通风管道

C. 塑料通风管道   D. 玻璃钢通风管道

E. 净化通风管道

16. 以"m²"为计量单位的有（　　）。

A. 铝板通风管道   B. 净化通风管道

C. 复合型风管   D. 不锈钢板通风管道

E. 塑料通风管道

17. 下列选项中，以"台"为计量单位的有（　　）。

A. 风机盘管   B. 除尘设备

C. 泡沫发生器   D. 线型探测器

E. 铸铁散热器

18. 下列哪项是 BIM 英文全称的正确说法（　　）。

A. Building Information Modeling B. Building Information Model

C. Building Information Manager D. Building Information Management

E. Building Information Mode

19. 根据《建筑安装工程费用项目组成》文件的规定，规费包括（　　）。

A. 工程排污费   B. 工伤保险

C. 文明施工费   D. 社会保障费

E. 住房公积金

20. 安装工程预算定额按专业对象分类，可将建设工程定额分为（　　）。

A. 电器设备安装工程定额   B. 机械设备安装工程定额

C. 热力设备安装工程定额   D. 通信设备安装工程定额

E. 消防设备安装工程定额

得分	评卷人

三、判断题

（共 10 题，每题 2 分。正确的选择 A；错误的选择 B，并涂在答题卡上）

1. 风管展开面积包括风管、管口重叠部分面积。（　　）

2. 通风系统包括送风系统和排风系统。（　　）

3. 电器设备的火灾属于 B 类火灾。（　　）

4. 铸铁管的特点是经久耐用，抗腐蚀性强，质较脆。（   ）

5. 工程中管道的选用，一般水、暖工程均为中压系统。（   ）

6. 母线分为裸母线和封闭母线两大类。（   ）

7. 压力表按其作用原理分为液柱式、活塞式、弹性式及电器式四大类。（   ）

8. 法兰阀门安装包括法兰连接，不得另计。（   ）

9. 工程量清单法计算程序分为一般计税法和简易计税法。（   ）

10. 建设项目竣工决算是办理交付使用资产的依据，也是竣工验收报告的重要组成部分。（   ）

参考答案

一、单项选择题

1. D；　2. C；　3. C；　4. A；　5. D；　6. C；　7. D；　8. C；　9. A；　10. B；
11. A；　12. D；　13. C；　14. C；　15. C；　16. D；　17. C；　18. B；　19. A；　20. D；
21 B；　22. A；　23. B；　24. D；　25. B；　26. D；　27. B；　28. B；　29. C；　30. C；
31. A；　32. D；　33. C；　34. C；　35. B；　36. D；　37. B；　38. C；　39. D；　40. C

二、多项选择题

1. ABDE；　2. ADE；　3. AD；　4. ACD；　5. ABC；　6. AB；
7. ABCD；　8. BC；　9. ACDE；　10. ABCE；　11. ABC；　12. AB；
13. BD；　14. BCD；　15. AD；　16. ABCDE；　17. ABC；　18. AB；
19. ABDE；　20. ABCD

三、判断题

1. B；　2. A；　3. B；　4. A；　5. B；　6. A；　7. A；　8. A；　9. A；　10. A